Office 2016

办公软件应用案例教程

第2版

卢山 郑小玲 主编

张安虎 于婷 副主编

人民邮电出版社

北京

图书在版编目（ＣＩＰ）数据

Office 2016 办公软件应用案例教程：微课版 / 卢山，郑小玲主编. -- 2版. -- 北京：人民邮电出版社，2018.11（2021.6重印）
ISBN 978-7-115-49004-9

Ⅰ．①O… Ⅱ．①卢… ②郑… Ⅲ．①办公自动化—应用软件—教材 Ⅳ．①TP317.1

中国版本图书馆CIP数据核字（2018）第174798号

内 容 提 要

本书以实际应用为目标，详细地介绍了使用 Office 2016 进行办公必须掌握的基础知识、使用方法和操作技巧。全书共 10 章，分别介绍 Word 文档、图形与图表对象编辑，Word 表格与文档优化，Word 高级排版与文档加密，Excel 表格编辑、公式计算与保护，Excel 图表与数据透视表，Excel 数据排序、筛选与汇总，Excel 数据处理与分析，PowerPoint 幻灯片编辑与设计，PowerPoint 动画制作与放映，Outlook 电子邮件收发与管理等内容。本书在各章的最后都添加了相应的练习题，使读者温故知新，掌握得更牢固。

本书可作为高等院校本科和专科非计算机专业办公自动化课程以及各类办公自动化培训班的教材，同时对有经验的 Office 使用者也有很高的参考价值。

◆ 主　　编　卢　山　郑小玲
　　副主编　张安虎　于　婷
　　责任编辑　许金霞
　　责任印制　焦志炜

◆ 人民邮电出版社出版发行　　北京市丰台区成寿寺路 11 号
　　邮编　100164　电子邮件　315@ptpress.com.cn
　　网址　http://www.ptpress.com.cn
　　固安县铭成印刷有限公司印刷

◆ 开本：787×1092　1/16
　　印张：15.5　　　　　　　2018 年 11 月第 2 版
　　字数：522 千字　　　　　2021 年 6 月河北第 9 次印刷

定价：45.00 元

读者服务热线：(010)81055256　印装质量热线：(010)81055316
反盗版热线：(010)81055315
广告经营许可证：京东市监广登字20170147号

前言
PREFACE

随着企业信息化的不断发展，办公软件已经成为公司日常办公中不可或缺的工具。使用 Word、Excel、PowerPoint 可以进行各种文档资料的管理、数据的处理与分析、演示文稿的展示等。目前办公软件已被广泛地应用于财务、行政、人事、统计和金融等众多领域，为此我们组织多位办公软件应用专家和资深职场人士精心编写了本书，以满足企业实现高效、简捷的现代化管理的要求！

本书打破了传统的按部就班讲解知识的模式，以实际应用为出发点，通过大量来源于实际工作的精彩实例介绍了 Office 2016 商务办公方方面面的知识。第 1 章～第 3 章主要讲解使用 Word 软件进行文档、图形与图表对象编辑，表格优化，排版与加密等操作；第 4 章～第 7 章主要讲解使用 Excel 软件进行表格编辑，公式计算与保护，数据透视表，数据排序、筛选、汇总，以及数据处理与分析等操作；第 8 章～第 9 章主要讲解使用 PowerPoint 软件进行幻灯片编辑，动画制作与放映等操作，第 10 章主要讲解使用 Outlook 软件进行电子邮件收发与管理等操作。本书内容全面、步骤详尽，涵盖了读者在使用 Office 2016 进行商务办公所必须掌握的基础知识、操作方法和应用技巧。

本书特色

■ 实用至上：以解决问题为目标，通过典型的 Word、Excel、PowerPoint、Outlook 2016 应用实例，全面涵盖了读者在学习 Office 2016 所遇到的问题及解决方案。

■ 实例为主，易于上手：全面突破传统的讲解模式，模拟真实的办公环境，将读者在工作过程中遇到的问题以及解决方法充分地融入案例讲解中，以便读者轻松上手，解决各种疑难问题。

■ 高手过招，专家解密：通过"练兵场"栏目提供精心筛选的 Word、Excel、PowerPoint、Outlook 2016 使用技巧，以专家级的讲解帮助读者掌握职场中广泛应用的办公技巧。

■ 提示技巧，贴心周到：对读者在学习过程中可能遇到的疑难问题都以"提示""技巧"的形式进行了说明，使读者能够更快、更熟练地运用各种操作技巧。

■ 一步一图，图文并茂：在介绍具体操作步骤的过程中，每一个操作步骤均配有对应的插图，使读者能够在学习过程中直观、清晰地观看操作的过程及其效果，学习更轻松。

■ 微课视频，即用即学：本书所有操作讲解内容均配备视频，读者扫描二维码即可观看并进行学习。

■ 资源丰富：本书不仅提供所有实例的原始文件和最终效果，同时赠送以下 3 部分内容。

（1）2 小时高效运用 Word、Excel、PowerPoint 视频，8 小时财会办公、人力资源管理、文秘办公、数据处理与分析实战案例视频，帮读者拓展解决实际问题的思路。

（2）918 套 Word、Excel、PowerPoint 实用模板，含 1280 个 Office 应用技巧的电子书，300 页 Excel 函数使用详解电子书，帮助读者全面提高工作效率。

（3）多媒体讲解打印机、扫描仪等办公设备及解/压缩软件、看图软件等办公软件的使用，300 多个计算机常见问题解答，有助于读者提高计算机综合应用能力。

为方便教师教学，我们将为授课老师免费提供电子教案及教学素材，有需要者请登录人邮教育社区（www. http://www.ryjiaoyu.com）免费下载。限于编者水平，书中难免有不足与疏漏之处，敬请读者批评指正。

编者

2018 年 5 月

CONTENTS 目录

第 6 章

Excel 数据排序、筛选与汇总 ···························· 166

第 7 章

Excel 数据处理与分析 ································· 189

第 8 章

PowerPoint 幻灯片编辑与设计 ························· 208

第 9 章

PowerPoint 动画制作与放映 ·· **222**

9.1 制作营销推广方案 ·· **223**

9.1.1 制作营销推广方案母版 ·· 224

9.1.2 设计产品推广方案内容 ·· 225

9.1.3 设置动画 ·· 227

9.2 设计"女鞋电商营销方案"自定义动画及放映 ······················ **228**

9.2.1 设计动画效果 ··· 229

9.2.2 排练计时及幻灯片放映 ·· 231

第 10 章

Outlook 电子邮件收发与管理 ·· **233**

10.1 创建 Outlook 账户 ··· **234**

10.2 收发电子邮件 ··· **235**

10.3 管理电子邮件 ··· **236**

10.4 管理联系人 ·· **237**

第 1 章

Word 文档、图形与图表对象编辑

　　Word 2016 是一款强大的文字处理软件，主要用于输入文本和编排文档，在日常办公中经常被用到。在编辑文本的过程中，用户需要对输入文字的字体、段落、边框以及底纹等进行格式设置。同时，Word 2016 还具有强大的图形绘制功能，利用这一功能可以制作出图文并茂的精美文档。

公司考勤制度

实例目标

考勤制度是公司进行正常工作秩序的基础，是支付工资、员工考核的重要依据。考勤制度要有具体的实施方案，并按规定上报备案，获得批准后即可实施，如图1-1所示。

图1-1 公司考勤制度最终效果

实例解析

本例在制作之前，可以从以下几个方面进行分析和资料准备。

（1）确定公司考勤制度的内容。其中应该包含制度说明、制度原则、适用范围、奖励办法等情况。

（2）制作公司考勤制度。制作考勤制度，首先要输入制度内容，然后对文档进行编辑，最后采用合适的方式进行阅览。

（3）编辑文档。本例中的编辑文档主要包括设置字体格式、设置段落格式、添加项目符号、添加编号、添加边框和底纹。

操作过程

结合上述分析，本例的制作思路如图1-2所示，涉及的知识点包括设置字体和段落格式、添加边框和底纹、设置页面背景等。

① 输入内容，并设置字体格式

② 添加边框和底纹

④ 纹理图案填充效果

③ 添加水印及页面颜色

⑤ 插入封面图片

⑥ 封面效果图

图 1-2　公司考勤制度制作思路

下面将具体讲解本例的制作过程。

1.1.1 | 创建考勤制度

本实例的原始文件和最终效果所在位置如下	
原始文件	无
最终效果	素材\最终效果\01\公司考勤制度.docx

1. 设置字体格式

为了使文档更丰富多彩，Word 提供了多种字体格式供用户进行设置。对字体格式的设置主要包括设置字体、字号、加粗、倾斜和字体效果等。

（1）新建一个 Word 文档，将其命名为"公司考勤制度"，并保存到适当的位置；然后输入标题及内容，选中标题"公司考勤制度"，单击【开始】选项卡，在【字体】组中的【字体】下拉列表中选择合适的字体，例如选择【华文中宋】选项，在【字体】组中的【字号】下拉列表中选择合适的字号，例如选择【小一】选项，如图 1-3 所示。

（2）也可以使用对话框对选中的文本进行设置，具体步骤为：选中所有的正文文本，单击【开始】选项卡，再单击【字体】组右下角的【对话框启动器】按钮，弹出【字体】对话框，单击【字体】选项卡，在【中文字体】下拉列表中选择【华文仿宋】选项，在【字形】列表框中选择【常规】选项，在【字号】列表框中选择【四号】选项，设置如图 1-4 所示。单击 确定 按钮返回 Word 文档。

图 1-3　设置标题字体字号

图 1-4　设置正文字体格式

（3）选中文档标题"公司考勤制度"，单击【开始】选项卡，单击【字体】组中的【加粗】按钮 **B** 即可，如图 1-5 所示。

（4）通过设置 Word 文档中的字符间距，可以使文档的页面布局更符合实际需要。设置字符间距的具体步骤为：选中文本标题"公司考勤制度"，单击【开始】选项卡，单击【字体】组右下角的【对话框启动器】按钮，弹出【字体】对话框，单击【高级】选项卡，在【字符间距】组合框中的【间距】下拉列表中选择【加宽】选项，在【磅值】微调框中将磅值调整为"4 磅"，设置如图 1-6 所示。单击 确定 按钮返回 Word 文档。

2. 设置段落样式

用户设置了字体格式之后，还可以为文本设置段落格式。Word 2016 提供了多种设置段落格式的方法，主要包括对齐方式、段落缩进和间距等。

● 设置对齐方式

段落和文字的对齐方式可以通过段落组进行设置，也可以通过对话框进行设置。

使用【段落】组中的各种对齐方式，可以快速地设置段落和文字的对齐方式，具体步骤如下。

图 1-5　加粗标题字体

图 1-6　设置字体间距

（1）选中文档标题"公司考勤制度"，单击【开始】选项卡，在【段落】组中单击【居中】按钮 ，设置效果如图 1-7 所示。

（2）选中文档中的文本段落，单击【开始】选项卡，单击【段落】组右下角的【对话框启动器】按钮，弹出【段落】对话框，单击【缩进和间距】选项卡，在【缩进】组合框中的【特殊格式】下拉列表中选择【悬挂缩进】选项，在【磅值】微调框中默认为"2 字符"，其他设置保持不变，设置效果如图 1-8 所示。单击 确定 按钮返回 Word 文档。

图 1-7　设置标题居中

图 1-8　设置行和段落间距

（3）间距是指行与行之间、段落与行之间、段落与段落之间的距离。选中全篇文档，单击【开始】选项卡，在【段落】组中单击【行和段落间距】按钮 ，在弹出的下拉列表中选择【1.15】选项，即可将行距变成 1.15 的行距。

3. 添加项目符号和编号

合理使用项目符号和编号，可以使文档的层次结构更清晰、更有条理。

（1）选中需要添加项目符号的文本，单击【开始】选项卡，在【段落】组中单击【项目符号】按钮右侧的下拉按钮，在弹出的下拉列表中选择【菱形】选项，即可在文本前插入菱形，如图 1-9 所示。

（2）选中需要添加编号的文本，在【段落】组中单击【编号】按钮右侧的下拉按钮，在弹出的下拉列表中选择一种合适的编号样式，如图 1-10 所示，即可在文档中插入编号。

图 1-9　添加项目符号

图 1-10　添加项目编号

提示

使用 Word 2016 编辑的文档，在 Word 2003 及以下的版本中无法打开。如果要在安装了 Word 2003 及以下版本的计算机中打开 Word 2016 的文档，需将该文档另存为兼容模式。

操作方法：打开【另存为】对话框，在【保存类型】下拉列表中选择 Word 97-2003 模板 (*.dot)，单击 保存(S) 按钮即可，如图 1-11 所示。

图 1-11　另存为兼容模式

另外，还可以设置自动保存时间间隔，以免因突然断电或其他原因导致文本丢失。

（1）单击【文件】选项卡，然后单击 [____] 菜单项，弹出【Word 选项】对话框。

（2）单击 [保存] 选项卡，将【自动保存信息时间间隔】设置为"5"分钟，然后单击 [确定] 按钮，如图 1-12 所示。

图 1-12　设置自动保存时间间隔

1.1.2　添加边框底纹及设置页面背景

在 Word 文档中插入段落边框和底纹，可以使相关段落的内容更加醒目，从而增强 Word 文档的可读性。在默认情况下，段落边框的格式为黑色单直线。用户可以通过设置段落边框的格式，使其更加美观。

本实例的原始文件和最终效果所在位置如下	
原始文件	素材\原始文件\01\公司考勤制度 1.docx
最终效果	素材\最终效果\01\公司考勤制度 1.docx

1. 添加边框和底纹

（1）选中要添加边框的文本，单击【开始】选项卡，在【段落】组中单击【边框】按钮右侧的下拉按钮，在弹出的下拉列表中选择【外侧框线】选项。返回 Word 文档，效果如图 1-13 所示。

（2）选中要添加底纹的文档，单击【设计】选项卡，在【页面背景】组中单击【页面边框】按钮 ，弹出【边框和底纹】对话框，单击【底纹】选项卡，在【填充】下拉列表中选择【橙色,个性色 2;淡色 80%】选项，在【图案】中的【样式】下拉列表中选择【5%】选项。单击 [确定] 按钮返回 Word 文档，设置效果如图 1-14 所示。

图1-13　添加边框效果　　　　　　　　图1-14　底纹效果

2. 添加水印

Word文档中的水印是指作为文档背景图案的文字或图像。Word 2016提供了多种水印模板和自定义水印功能。

（1）单击【设计】选项卡，在【页面背景】组中单击 按钮。在弹出的下拉列表中选择【自定义水印】选项，如图1-15所示。

（2）弹出【水印】对话框，选中【文字水印】单选钮，在【文字】下拉列表中选择【禁止复制】选项，在【字体】下拉列表中选择【方正楷体简体】选项，在【字号】下拉列表中选择【80】选项，其他选项保持默认，如图1-16所示。单击 确定 按钮，返回Word文档，即可看到效果。

图1-15　选择自定义水印　　　　　　　图1-16　设置水印

3. 设置页面颜色

页面颜色是指显示在Word文档最底层的颜色或图案，用于丰富Word文档的页面显示效果，页面颜色在打印时不会显示。

（1）单击【设计】选项卡，在【页面背景】组中单击 按钮，在弹出的下拉列表中选择【绿色,个性色6,淡色60%】选项即可，如图1-17所示。

（2）如果"主题颜色"和"标准色"中显示的颜色依然无法满足用户的需要，那么可以在弹出的下拉列表中选择【其他颜色】选项。弹出【颜色】对话框，单击【自定义】选项卡，在【颜色】面板上选择合适的颜色（例如，茶色RGB为"229""226""223"），也可以在下方的微调框中调整颜色的RGB值。单击 确定 按钮，如图1-18所示，返回Word文档，即可看到设置效果。

图 1-17　选择页面颜色　　　　　　　　　　　图 1-18　自定义页面颜色

4. 设置其他填充效果

在 Word 文档窗口中，使用填充颜色功能设置 Word 文档的页面背景，可以使 Word 文档更富有层次感。

（1）单击【设计】选项卡，在【页面背景】组中单击 按钮，在弹出的下拉列表中选择【填充效果】选项。在弹出的【填充效果】对话框中单击【纹理】选项卡，在【纹理】列表框中选择【蓝色面巾纸】选项。单击 确定 按钮，返回 Word 文档，设置效果如图 1-19 所示。

（2）在【填充效果】对话框中单击【图案】选项卡，在【背景】下拉列表中选择合适的颜色，然后在【图案】列表框中选择【点线 60%】选项，设置效果如图 1-20 所示。

图 1-19　设置纹理填充　　　　　　　　　　　图 1-20　设置图案填充

1.1.3　设计封面

在 Word 文档中，通过插入图片和文本框，用户可以快速地为文档设计封面。

本实例的原始文件和最终效果所在位置如下		
	原始文件	素材\原始文件\01\公司考勤制度 2.docx
	最终效果	素材\最终效果\01\公司考勤制度 2.docx

1. 插入并编辑图片

（1）将光标定位在标题行文本前，单击【插入】选项卡，在【页面】组中单击【空白页】按钮 ，如图

1-21所示。

（2）此时，在文档的开头插入一个空白页，将光标定位在空白页中，单击【插入】选项卡，在【插图】组中单击【图片】按钮，弹出【插入图片】对话框，选择要插入的图片的保存位置，然后从中选择要插入的素材文件"图片1jpg"，如图1-22所示，单击 插入(S) ▼ 按钮。

图 1-21　添加空白页

图 1-22　插入图片

（3）返回Word中，即可看到插入的图片，选中图片，单击【图片工具】下的【格式】选项卡，在【大小】组的【形状高度】与【形状宽度】中分别输入"20.92厘米"和"26.15厘米"，如图1-23所示。

（4）选中该图片，单击鼠标右键，在弹出的快捷菜单中选择【大小和位置】选项，弹出【布局】对话框，在【环绕方式】组合框中选择【衬于文字下方】选项，如图1-24所示。

图 1-23　调整图片高度与宽度

图 1-24　设置文字环绕方式

（5）单击【位置】选项卡，在【水平】组合框中选择【对齐方式】单选钮，在其右侧的下拉列表中选择【居中】选项，在【相对于】下拉列表中选择【页面】选项；在【垂直】组合框中选择【对齐方式】单选钮，并在其右侧的下拉列表中选择【居中】选项，在【相对于】下拉列表中选择【页面】选项，如图1-25所示。单击 确定 按钮，返回Word文档，即可看到设置效果。

（6）使用同样的方法在Word中插入素材文件"图片2.jpg"，单击图片右侧的【布局选项】按钮，可快速将其设置为"浮于文字上方"，并设置图片的大小和位置，如图1-26所示。

图 1-25　设置图片位置　　　　　　　　　图 1-26　设置文字环绕方式

2. 插入并编辑文本框

在编辑 Word 文档时，经常会用到文本框。

（1）单击【插入】选项卡，然后单击【文本】组中的【文本框】按钮，在弹出的【内置】列表框中选择【简单文本框】，如图 1-27 所示。

（2）在插入的文本框中输入文本"神龙医药有限公司考勤制度"，将文本框拖动到合适的位置，选中文本"神龙医药有限公司考勤制度"，单击【开始】选项卡，在【字体】下拉列表中选择【华文中宋】，在【字号】下拉列表中选择【初号】，单击【加粗】按钮 B，然后按住鼠标，将文本框调到合适的大小，将光标定位在"考"之前，通过空格来调整"考勤制度"的位置，如图 1-28 所示。

图 1-27　插入文本框　　　　　　　　　　图 1-28　并排比较显示效果

（3）选中该文本框，单击【绘图工具】下的【格式】选项卡，在【形状样式】组中单击 形状填充 按钮右侧的下拉按钮，在弹出的下拉列表中选择【无填充】选项，如图 1-29 所示。

（4）在【形状样式】组中单击 形状轮廓 按钮右侧的下拉按钮，在弹出的下拉列表中选择【无轮廓】选项，如图 1-30 所示。

（5）选中文本"神龙医药有限公司考勤制度"，在【艺术字样式】组中单击 A 按钮右侧的下拉按钮，从弹出的下拉列表中选择【白色，背景 1】选项，如图 1-31 所示。

（6）使用同样的方法插入并编辑其他文本框，如图 1-32 所示。

图 1-29　设置无填充

图 1-30　设置无轮廓

图 1-31　设置艺术字颜色

图 1-32　封面效果

1.2　公司年度培训方案设计

实例目标

　　员工上岗之前，企事业单位通常需要进行一定的培训，从而挖掘员工的潜力，培养和完善其自身能力，使员工的职业技能不断提升。为此需要相关部门制订培训计划和大纲等方案，如图 1-33 所示。

图 1-33　公司年度培训方案最终效果

实例解析

　　本例在制作之前，可以从以下几个方面进行分析和资料准备。

（1）确定公司年度培训方案的内容。公司年度培训方案中应该包含方案编制说明、培训需求调查与分析、培训指导思想、培训目标、培训原则、培训内容、培训管理、培训效果评估及培训收益等情况。

（2）制作公司年度培训方案。制作公司年度培训方案首先要输入方案内容，然后对文档进行编辑，最后采用合适的方式进行阅览。

（3）编辑文档。本例中的编辑文档主要包括插入分页符、插入图片和艺术字、设置段落格式、生成方案目录、设置页眉页脚。

操作过程

结合上述分析，本例的制作思路如图 1-34 所示，涉及的知识点包括分页符、插入图片和艺术字、设置段落格式、设置大纲级别、生成方案目录、为奇偶页添加图片和页码等。

① 插入分页符并输入封面内容　　　② 设置封面

④ 插入表格并设置　　　③ 设置段落格式

⑤ 生成方案目录　　　⑥ 设置奇偶页页眉页脚

图 1-34　公司年度培训方案制作思路

下面将具体讲解本例的制作过程。

1.2.1 设计公司年度培训方案封面

新招聘的员工报到后，为了提高员工的整体素质和技能，公司通常会制订一系列的培训方案，目的是让新员工了解公司概况、工作流程以及与工作相关的其他知识等。

本实例的原始文件和最终效果所在位置如下	
素材文件	素材\素材文件\01\001、004
原始文件	素材\原始文件\01\公司年度培训方案.docx
最终效果	素材\最终效果\01\公司年度培训方案.docx

（1）将光标定位在第一页首行的最前端，按照上面的方法插入一张新的空白页，在新插入的页面上输入封面的相应内容，如图 1-35 所示。

（2）将"2017"设置为【方正琥珀简体】【初号】，将"年"设置为【方正超粗黑简体】【初号】，将"公司年度培训方案"设置为【华文新魏】【二号】，将"2017.9.20"和"锦元科技培训中心"设置为【华文新魏】【四号】，如图 1-36 所示。

图 1-35　插入分页符并输入内容

图 1-36　设置字体格式

（3）切换到【插入】选项卡，单击【插图】组中的【图片】按钮，弹出【插入图片】对话框。从素材文件中选择一张名为"001"的图片，如图 1-37 所示，单击 插入(S) 按钮，此时便在文本中插入了此图片。选中图片，单击鼠标右键，在弹出的快捷菜单中选择【大小和位置】选项，弹出【布局】对话框，单击【大小】选项卡，分别将"高度"和"宽度"设置为"29.7 厘米"和"21 厘米"，单击【位置】选项卡，分别将"水平"和"垂直"设置为"居中"相对于"页面"，设置完毕后，单击 确定 按钮，如图 1-38 所示。

图 1-37　插入图片

图 1-38　设置图片大小

（4）设置图片格式。选中图片，此时工具栏中出现【图片工具】栏，单击下方的【格式】选项卡，然后单击

【排列】组中的【环绕文字】按钮 ，在下拉菜单中选择【衬于文字下方】，如图 1-39 所示。此时文字便在图片上显示出来，如图 1-40 所示。

图 1-39　设置图片格式

图 1-40　图文设置效果

（5）用同样的方法插入一张名为"004"的图片。调整好图片的大小并适当旋转，将其拖至页面的右下角。旋转图片的方法如图 1-41 所示。将鼠标移动到图片上方的绿色圆点上，当鼠标变成图 1-41（a）所示的形状时，按住鼠标左键并逐渐拉动，此时可看到图片随之旋转，调整到适当的角度后松开鼠标左键即可。

（a）　　　　　　　　（b）　　　　　　　　（c）

图 1-41　旋转图片

（6）插入艺术字。切换到【插入】选项卡，单击【文本】组中的 按钮。在下拉菜单中选择一种合适的样式，如图 1-42 所示。此时页面中插入了一个输入艺术字的文本框。

（7）在文本框中输入"人力资源部"，将其设置为【楷体】、【小四】（注：设置艺术字格式与设置文本文字一样，可通过【字体】组进行设置）。设置完后再插入一个相同样式的艺术字，并输入"RENLIZIYUAN"，将其设置成与上一个艺术字一样的字体格式，然后将两个艺术字拖至右下角适当的位置，如图 1-43 所示。

图 1-42　选择艺术字样式

图 1-43　艺术字效果

（8）设置文本效果。选中此页面中的文字，将其调到合适的位置，切换到【开始】选项卡，单击【字体】组中的【文本效果】按钮 ，在弹出的下拉列表中选择【填充：白色；边框：蓝色，主题色 1；发光：蓝色，主题色 1】选项，如图 1-44 所示。封面的最终效果如图 1-45 所示。

图 1-44　选择文本效果

图 1-45　最终设置效果

1.2.2　设计员工培训内容表格

公司年度培训内容根据参加培训职员的不同，可分为高级管理职员培训、中层管理职员培训、普通员工培训和新员工岗前培训等。本小节将介绍使用表格对不同级别的员工培训内容进行设置的方法。

本实例的原始文件和最终效果所在位置如下		
	原始文件	素材\原始文件\01\公司年度培训方案 1.docx
	最终效果	素材\最终效果\01\公司年度培训方案 1.docx

1.　插入表格

（1）单击【插入】选项卡，然后单击【表格】组中的【表格】按钮，在下拉列表中选择【插入表格】选项，即可弹出【插入表格】对话框，如图 1-46 所示。

（2）在【表格尺寸】组合框中的【列数】和【行数】微调框中分别输入"5"和"3"。单击　确定　按钮，即可插入一个 3 行 5 列的表格，然后在表格中输入相关内容，如图 1-47 所示。

图 1-46　【插入表格】对话框

图 1-47　插入表格

2.　设置表格宽度和边框底纹

● 设置表格宽度

（1）将光标定位在表格中的任意一个单元格中，此时工具栏中出现【表格工具】栏，单击其中的【布局】选项卡，然后单击【单元格大小】组中的 自动调整 按钮，在下拉列表中选择【根据内容自动调整表格】选项。

（2）设置固定列宽。单击表格左上角的"田"图标选中整个表格，单击【单元格大小】组右下角的【对话框启动器】按钮，弹出【表格属性】对话框，单击【表格】选项卡，在【尺寸】组合框中选中【指定宽度】复选框，在其右侧的微调框中输入"16 厘米"，如图 1-48 所示，单击　确定　按钮。

（3）手动调整表格宽度。将光标移动到需要调整列宽的边框线上，当鼠标指针变为"+||+"形状时，按住鼠标左键拖动，将表线调整到合适的位置，然后释放即可。接下来按照相同的方法调整其他列的宽度，如图 1-49 所示。

图 1-48　设置指定宽度

图 1-49　手动调整表格宽度

● 设置表格边框和底纹

（1）设置表格边框。选中整个表格，单击【开始】选项卡，然后单击【段落】组中的下框线按钮 ⊞ · 右侧的下拉按钮 ·，在弹出的下拉菜单中选择【边框和底纹】，如图 1-50 所示。

（2）弹出【边框和底纹】对话框，单击【边框】选项卡，在【设置】组合框中选择【自定义】选项，在【线型】列表框中选择一种合适的线条，然后在右侧的【预览】组合框中单击相应的按钮，或直接选择右侧【设置】组合框中的样式，如图 1-51 所示。

图 1-50　选择【边框和底纹】.

图 1-51　设置表格边框

（3）设置完成后单击 确定 按钮，即可看到设置表格边框后的效果，如图 1-52 所示。

（4）设置表格的底纹。将鼠标放置在第 1 行单元格左侧的边框处，当指针变为"↗"形状时单击，即可选中第 1 行单元格，然后用上述方式打开【边框和底纹】对话框，如图 1-53 所示。

（5）单击【底纹】选项卡，然后单击【填充】文本框下拉按钮，选择一种合适的颜色，如果对列表中的颜色不满意，可选择【其他颜色】选项，自行设置想要的颜色，设置完成后单击 确定 按钮即可，如图 1-54 所示。底纹设置效果，如图 1-55 所示。

图 1-52　边框设置效果

图 1-53　选择【边框和底纹】

图 1-54　设置表格底纹

图 1-55　底纹设置效果

（6）设置单元格字体颜色，并使其居中对齐。选中表格，单击【开始】选项卡，在【字体】组中设置文本的字体与颜色，然后单击【段落】组中的【居中】按钮 ≡ 即可，如图 1-56 所示。

（7）在表格的上方插入一空行，输入表格标题"企业各级员工培训内容"，将字体设置为【华文楷体】，字号设置为【小二】，字形设置为【加粗】，对齐方式设置为【居中】，效果如图 1-57 所示。按照同样的方法在文档中插入其他表格并设置其格式。

图 1-56　设置字体格式

图 1-57　插入表格标题并设置

3. 设计表格外观样式

（1）在正文文本中选中需要设置外观样式的表格，此时工具栏中出现【表格工具】栏，单击其中的【设计】选项卡，然后单击【表格样式】组的【其他】按钮 ，在下拉列表中选择一种合适的表样式，如图 1-58 所示。

（2）接下来按照同样的方法对其他表格的外观样式进行设置，如图 1-59 所示。

图 1-58 选择表样式

图 1-59 设置其他表格的表样式

1.2.3 │ 设置公司年度培训方案结构

　　文档的所有内容输入完毕后，接下来可以对文档的结构进行设置，例如设置文档的大纲级别和生成目录等。为了方便查看和阅览公司年度培训方案，还可以使用文档结构图来查阅文档。

本实例的原始文件和最终效果所在位置如下	
原始文件	素材\原始文件\01\公司年度培训方案 2.docx
最终效果	素材\最终效果\01\公司年度培训方案 2.docx

1. 设置段落格式

　　（1）打开本实例的原始文件，选中正文中的前 6 段，单击【开始】选项卡，然后单击【段落】组右下角的【对话框启动器】按钮，弹出【段落】对话框，如图 1-60 所示。

　　（2）单击【缩进和间距】选项卡，在【缩进】组合框中的【特殊格式】下拉列表中选择【首行缩进】选项，在右侧的【磅值】微调框中选择【2 字符】选项，然后在【间距】组合框中的【行距】下拉列表中选择【1.5 倍行距】选项。单击　确定　按钮，此时即可看到设置段落格式后的效果，如图 1-61 所示。接下来按照相同的方法将其他段落设置成相同的格式。

图 1-60 设置段落格式

图 1-61 段落格式设置效果

2. 设置大纲级别

为了使文档中的条目更加层次分明、结构清晰，用户可以设置大纲级别，即正文文本、1级、2级和3级等。具体的操作步骤如下。

（1）将光标定位到"一、方案编制说明"一行中，单击【段落】组中的【对话框启动器】按钮，弹出【段落】对话框。单击【缩进和间距】选项卡，在【常规】组合框中的【大纲级别】下拉列表中选择【1级】选项，如图1-62所示，然后单击 确定 按钮。

（2）按照相同的方法将下面几条内容的大纲级别也设置为一级。若一级标题下面仍含有标题，则可将其设置为二级标题，以此类推。选中"（一）对公司企业文化培训的意见"文本，然后按住【Ctrl】键不放，选中其他需要设置二级标题的文本，再次打开【段落】对话框，在【大纲级别】下拉列表中选择【2级】选项，单击 确定 按钮返回文档，接下来按照相同的方法对其他标题设置相应的大纲级别。

（3）设置完大纲级别后，在页面视图中看不到设置的效果，为此可以切换到【大纲视图】方式中预览。单击【视图】选项卡，然后单击【文档视图】组中的【大纲】按钮 大纲 。

（4）此时即可看到文档以大纲视图的形式显示，如图1-63所示。如果想取消大纲视图，单击【文档视图】组中的【页面视图】按钮 即可。

图1-62 设置大纲级别

图1-63 大纲视图

提示

> 设置多个相同的大纲级别时，可以先将一个设置好，然后使用之前介绍的格式刷功能，刷取其他需要设置此大纲级别的文本。

3. 生成培训方案目录

文档的大纲级别设置完成后，接下来为其添加目录，为用户查阅文档提供方便。

● 生成目录

（1）目录一般位于整篇文档的前面，因此，首先需要在文档的最前面插入一空白页。

（2）将光标定位在空白页中，单击【引用】选项卡，然后单击【目录】组中的【目录】按钮 ，在下拉列表中选择【自定义目录】，即可弹出【目录】对话框。

（3）单击【目录】选项卡，在【常规】组合框中的【显示级别】微调框中输入数值"4"，即目录只显示到 4 级标题，其他选项保持默认设置，此时即可在【打印预览】和【Web 预览】列表框中预览目录的设置效果，如图 1-64 所示。

图 1-64　设置目录

（4）单击 确定 按钮返回文档，即可生成目录。选中生成的目录，将其行间距的固定值设置为【18 磅】即可，如图 1-65 所示。

图 1-65　设置目录行距

（5）将光标移动到生成的目录上，系统会自动显示提示信息"按住【Ctrl】键并单击鼠标以跟踪链接"。此时按住【Ctrl】键不放，当鼠标指针变为"👆"形状时单击，即可快速切换到相应的文档内容中，即目录的超链接功能，如图 1-66 所示。

图 1-66　快速切换到文档内容

● 取消目录的超链接

有时目录的超链接功能会影响文档的其他操作，为此用户可以取消目录的超链接功能。

（1）在目录的最前面单击鼠标，如图 1-67 所示，此时目录的下方会出现灰色的底色，然后按下【Ctrl】+
【Shift】+【F9】组合键，此时会发现所有的目录都被选中，将鼠标移动到目录上，就不会再出现提示信息，即
取消了目录的超链接功能，如图 1-68 所示。

图 1-67　在目录的最前面单击鼠标

图 1-68　组合键效果

（2）选中所有目录内容，将字体颜色设置为黑色，并设置其字体，如图 1-69 所示。输入"目录"并设置其
字体格式，如图 1-70 所示。

图 1-69　设置字体格式

图 1-70　输入目录标题

1.2.4 设置培训方案页面

为了增强培训方案的视觉效果，通常需要对方案的页面进行格式设置。本小节通过设置奇偶页、添加并设置

页眉图片以及添加页码等相关内容，讲解设置培训方案页面的方法。

本实例的原始文件和最终效果所在位置如下	
素材文件	素材\素材文件\01\002、003
原始文件	素材\原始文件\01\公司年度培训方案 3.docx
最终效果	素材\最终效果\01\公司年度培训方案 3.docx

1. 设置文档奇偶页

（1）打开本实例的原始文件，单击【布局】选项卡，然后单击【页面设置】组右下角的【对话框启动器】按钮。

（2）弹出【页面设置】对话框，单击【版式】选项卡，在【页眉和页脚】组合框中选中【奇偶页不同】和【首页不同】两个复选框。单击 确定 按钮，即可返回文档，如图 1-71 所示。

图 1-71　设置文档奇偶页

2. 为奇偶页添加图片和页码

● 为偶数页添加图片和页码

（1）单击【插入】选项卡，然后单击【页眉和页脚】组中的 页眉▾ 按钮，在下拉列表中选择一种合适的样式。

（2）此时页眉和页脚区域处于编辑状态，将光标定位在偶数页页眉处，单击【插入】选项卡，然后单击【插图】组中的【图片】按钮 （见图 1-72），弹出【插入图片】对话框，选择图片"002"，将图片"002"插入页眉中，如图 1-73 所示。

（3）选中插入的图片，单击【图片工具】栏中的【格式】选项卡，然后单击【排列】组中的【自动换行】按钮 ，在下拉列表中选择【衬于文字下方】选项，如图 1-74 所示。

（4）调整图片至合适的大小（形状宽度为 21 厘米），然后将图片【顶端对齐】和【左对齐】。单击【页眉页脚工具】栏中的【设计】选项卡，然后单击右侧【关闭】组中的【关闭页眉页脚】按钮 × ，即可退出页眉页脚编辑状态，设置效果如图 1-75 所示。

（5）单击【插入】选项卡，单击【页眉和页脚】组中的 按钮，在下拉列表中选择一种合适的页脚样式（见图 1-76），单击 页码▾ 按钮，在下拉列表中选择一种合适的页码样式，如图 1-77 所示。

图 1-72　单击插入图片按钮　　　　　　　　　　图 1-73　选择图片

图 1-74　设置图片格式　　　　　　　　　　　图 1-75　页眉设置效果

图 1-76　选择页脚样式　　　　　　　　　　　图 1-77　选择页码样式

（6）如果页码的字体大小不合适，可以通过【开始】选项卡中的【字体】组进行设置。通过【段落】组可设置其对齐方式。

（7）偶数页页脚设置效果如图 1-78 所示。

提示

　　想要对已设置好的页眉页脚进行更改，单击【页眉和页脚】组中的【页眉】或【页脚】按钮，在下拉菜单中选择【编辑页眉】或【编辑页脚】选项，即可切换到【页眉和页脚工具】选项卡对其进行编辑。另外，鼠标左键双击页眉或页脚也可快速切换到【页眉和页脚工具】选项卡。

● 为奇数页添加图片和页码

　　（1）将光标定位到奇数页页眉处，按照为偶数页添加图片的方法插入图片"003.jpg"，并设置相同的格式，如图 1-79 所示。

　　（2）切换到页脚处，插入与偶数页码格式相同的页码。设置完成后单击【页眉和页脚工具】栏中的【关闭页眉页脚】按钮 ×，退出页眉和页脚的编辑状态。插入页眉和页脚的最终效果如图 1-80 所示。

图 1-78　插入偶数页页脚效果　　　　　图 1-79　奇数页页脚设置效果

图 1-80　页眉页脚最终设置效果

练兵场

1. 打开【习题】文件夹中的 Word 文件："练习题/原始文件/01/【玉山塔塔加暨阿里山二天一夜游】"，并按以下要求进行设置。

（1）将首行标题文本"玉山塔塔加暨阿里山二天一夜游"字体设置为【二号】【楷体】、居中对齐，其他正文文本设置为【小四】【宋体】，将"旅游行程"设置为【幼圆】、【小二】、居中对齐。

（2）为文本"出游时间""出游地点""集合时间与地点""车辆分配""工作分配""饭店房间""注"等文本添加项目符号。

（3）将每个项目下的文本段落格式设置为【左缩进】、【2 字符】。

（4）为项目"工作分配"和"注"下所包含的文本添加阿拉伯数字编号。

（最终效果见："练习题/最终效果/01/【玉山塔塔加暨阿里山二天一夜游】"）

2. 打开【习题】文件夹中的 Word 文件："练习题/原始文件/01/【玉山塔塔加暨阿里山二天一夜游 1】"，并按以下要求进行设置。

（1）在"第一天行程 3/17（一）""第二天行程 3/18（二）""附件 1 阿里山新中横交通路线图"和"附件 2 阿里山游乐区"前插入分页符。

（2）为"游憩指南 1"中的编号 2"台线 21"下包含的文本添加茶色底纹，为行程中的时间点添加"外侧框线"。

（3）在"附件 1 阿里山新中横交通路线图"和"附件 2 阿里山游乐区"后分别插入素材图片"001"和"002"。

（4）将文档的页眉页脚设置为"奇偶页不同"并添加页码。

（素材文件见："练习题/素材/01"）

（最终效果见："练习题/最终效果/01/【玉山塔塔加暨阿里山二天一夜游 1】"）

第 2 章

Word 表格与文档优化

　　使用 Word 2016 提供的表格功能不仅可以快速地创建表格，而且可以方便地修改表格的属性，同时还可以对表格中的数据进行排序和简单计算。为了使 Word 文档更加美观，用户还需要对 Word 文档进行美化设置。

2.1 在职培训费用申请表

实例目标

由于工作的需要，员工可以申请培训费用由企业统一支付。培训结束后，员工须按照公司的相关规定执行任务，并为公司服务直到规定期满为止。

实例解析

本例在制作之前，可以从以下几个方面进行分析和资料准备。

（1）确定在职培训费用申请表的内容。在职培训费用申请表中应该包含课程名称、申请日期、单位、姓名、人员代号、讲授科目、教材名称、时数、字数、钟点费、教材费、总计、盖章、财务部、教育训练部、单位等情况，如图 2-1 所示。

图 2-1　在职培训费用申请表最终效果

（2）制作在职培训费用申请表。首先要在 Word 文档中绘制表格，输入各项目及数据，然后对单元格进行设置，插入竖排文本框，利用公式计算相关数据。

操作过程

结合上述分析，本例的制作思路如图 2-2 所示，涉及的知识点包括手动绘制表格、自定义表格边框、设置表格标题及说明、插入文本框、竖排显示表格中的文字、在表格中计算值等。

① 绘制表格　　　　　　　　　　　　　② 设置表格标题

图 2-2　在职培训费用申请表制作思路

④ 输入相关内容　　　　　　　　　　　　　③ 设置表格边框

⑤ 插入竖排文本框　　　　　　　　　　　　⑥ 插入相关数据并计算

图 2-2　在职培训费用申请表制作思路（续）

下面将具体讲解本例的制作过程。

2.1.1 销售利润提成表

在职培训费用申请表的内容包括单位、姓名、人员代号、讲授科目（教材名称）、时数、钟点费、总计以及盖（签）章等。

本实例的原始文件和最终效果所在位置如下	
原始文件	素材\原始文件\02\在职培训费用申请表.docx
最终效果	素材\最终效果\02\在职培训费用申请表.docx

1. 手动绘制表格

手动绘制表格就如同使用笔一样，可以随心所欲地在文档中的任意位置绘制出不同行高和列宽的复杂表格。使用手动绘制表格方式创建表格的具体步骤如下。

（1）打开本实例的原始文件，单击【插入】选项卡，然后单击【表格】组中的【表格】按钮，在下拉列表中选择【绘制表格】选项，如图 2-3 所示。

（2）此时鼠标指针变为"✐"形状，将鼠标移至文档中需要插入表格的位置，按住鼠标向右下角拖动，此时鼠标指针变为"╂✐"形状，如图 2-4 所示。

（3）拖动到合适的位置后释放，此时文档中就会出现表格的外围边框，如图 2-5 所示。

（4）绘制表格的行和列。将鼠标移动到需要添加行或列的位置，按住鼠标横向或者纵向拖动，释放后即可绘制出行或列，如图 2-6 所示。

图2-3 选择【绘制表格】

图2-4 拖动鼠标绘制表格

图2-5 释放鼠标，绘制出表格边框外围

图2-6 绘制行和列

（5）在绘制过程中如果发现某条线绘制的不合理，可以将鼠标定位在表格中任意位置，然后单击【表格工具】栏中的【布局】选项卡，再单击【绘图】组中的【橡皮擦】按钮，此时鼠标指针变为"⌀"形状，将鼠标移动到需要擦除的线段，单击即可擦除位于单元格中的线段。若要擦除整条线段，则可按住鼠标左键不放，从线段的一端拖动到另一端即可。此时鼠标指针仍为"⌀"形状，按下【Esc】键即可取消擦除状态，如图2-7所示。

（6）按照前面介绍的方法绘制完成整个表格，如图2-8所示。

图2-7 擦除线条

图2-8 绘制整个表格

2. 设置表格标题

表格创建完成后，需要输入表格标题，具体的操作步骤如下。

（1）将光标定位在表格第 1 行的第 1 个单元格中，然后按下键盘中的↑箭头，按下【Enter】键，即可在表格的上方插入一空白行。将光标定位在该空白行中，输入"在职培训费用申请表"，将光标移动到文字的最左侧，当鼠标指针变为"⌐"形状时单击选中该行文本，如图2-9所示。

（2）在【字体】组中的【字体】下拉列表中选择一种合适的字体，这里选择【方正魏碑简体】，在【字号】下拉列表中选择【小二】选项，如图2-10所示。

（3）单击【下划线】按钮 u 和【居中】按钮，表格标题设置完成，如图 2-11 所示。

（4）输入课程名称以及申请日期等字段。将光标定位在第 1 行的行尾，按下【Enter】键，另起一行并输入"课程名称:"，然后多次按下空格键，再输入"申请日期:　年　月　日"（见图 2-12）。然后按照上面介绍的方法设置字体格式，如图 2-13 所示。

图 2-9　插入新行并输入表格标题

图 2-10　选择字体和字号

图 2-11　表格标题设置效果

图 2-12　输入申请日期字段

图 2-13　设置字体格式

3. 自定义表格边框

表格设置完成后，接下来可以对其边框进行设置，使表格更加清晰、美观。

（1）将光标定位在表格中的任意位置，单击【表格工具】栏中的【设计】选项卡，然后单击【表格样式】组中□右侧的下拉按钮，弹出【边框和底纹】对话框，单击【边框】选项卡，在【设置】组合框中选择【自定义】选项，在【颜色】下拉列表中选择一种合适的颜色（例如褐色 RGB 分别为"163""145"和"125"），在【宽度】下拉列表中选择【0.25 磅】选项，在【预览】组合框中单击上、下、左和右框线按钮设置需要添加的边框线条的位置，如图 2-14 所示。

（2）单击　确定　按钮即可应用设置的边框，如图 2-15 所示。

图 2-14 设置边框样式

图 2-15 边框设置效果

4. 设置表格内容

（1）将光标定位在第 1 行的第 1 个单元格中，按照图 2-16 所示输入相关内容。

（2）将光标定位在表格中的任意位置，当表格左上方出现"⊞"图标时单击选中整个表格（见图 2-17），然后单击【表格工具】栏中的【布局】选项卡，再单击【对齐方式】组中的【水平居中】按钮。此时表格中的文字便会水平居中对齐，如图 2-18 所示。

图 2-16 在表格中输入相关内容

图 2-17 选中表格内容

图 2-18 设置文字水平居中

5. 竖排显示表格中的文字

（1）选中表格最后 1 行的第 1 个单元格中的"财务部"文字，然后按住【Ctrl】键，连续选中后面的"教育训练部"和"单位"，然后单击【对齐方向】组中的【文字方向】按钮。

（2）此时即可看到刚才选中的文字竖排显示。如果要切换回横排，再次单击此按钮即可，如图 2-19 所示。

6. 插入说明信息

（1）单击【插入】选项卡，然后单击【文本】组中的【文本框】按钮，在下拉菜单中选择【绘制竖排文本框】选项。

（2）此时鼠标指针变为"+"形状，将鼠标移动到表格的右侧，按住向下拖动，拖动到合适的位置后释放，即可绘制出一个竖排的文本框，此时该文本框处于可编辑状态，然后输入文字"一式三联：一 单位 二 教育训练部 三 财务部"，如图 2-20 所示。

图 2-19　设置竖排文字方向

图 2-20　绘制竖排文本框

（3）将鼠标移动到文本框边缘，当鼠标指针变成" "形状时，单击鼠标右键，在弹出的快捷菜单中选择【设置形状格式】菜单项。

（4）弹出【设置形状格式】任务窗格，单击【填充】选项卡，选择【无填充】，然后单击【线条颜色】选项卡，选择【无线条】，如图 2-21 所示，调整内部边距到合适的大小，单击 × 按钮返回文档，即可看到设置效果，如图 2-22 所示。

图 2-21　设置文本框形状格式

图 2-22　文本框设置效果

2.1.2　在表格中计算总计值

当表格中含有需要计算的项目时，可以使用 Word 中提供的"公式"功能来计算。本小节将介绍在表格中计算总计值的方法。

本实例的原始文件和最终效果所在位置如下		
	原始文件	素材\原始文件\02\在职培训费用申请表 1.docx
	最终效果	素材\最终效果\02\在职培训费用申请表 1.docx

具体的操作步骤如下。

（1）打开本实例的原始文件，在表格中填入相关内容，然后将光标定位在需要计算总计值的单元格中，单击【表格工具】栏中的【布局】选项卡，然后单击【数据】组中的【公式】按钮 𝑓𝑥 公式 。

（2）弹出【公式】对话框（见图2-23），在【公式】文本框中输入"=PRODUCT(LEFT)"，即将"讲授科目"的"时数"与"钟点费"相乘，单击 确定 按钮。此时即可得出乘积"400"，然后按照相同的方法计算其余"讲授科目"和"教材名称"的总计值，如图2-24所示。

图2-23　在【公式】对话框中输入公式　　　　　　　　图2-24　计算结果

2.2　制作企业规划书

实例目标

企业规划书是一份全方位描述企业发展的文件，是企业经营者素质的体现，是企业拥有良好融资能力，实现跨越式发展的重要条件之一。一份完备的商业计划书不仅是企业能否成功融资的关键因素，还是企业发展的核心管理工具。本例的企业规划书最终效果如图2-25所示。

图2-25　企业规划书的最终效果

实例解析

本例在制作之前，可以从以下几个方面进行分析和资料准备。

（1）确定企业规划书的内容。规划书中应该包含封面、目录、内容等情况。

（2）制作企业规划书。制作规划书首先要设计其封面，输入封面内容并对字体和段落格式进行设置，然后插入目录，最后对整个文档进行页面设置。

操作过程

结合上述分析，本例的制作思路如图 2-26 所示，涉及的知识点包括插入图片、插入文本框、设置纸张大小、设置页边距、打印文档等。

图 2-26　企业规划书制作思路

下面将具体讲解本例的制作过程。

2.2.1 制作规划书封面

规划书封面主要包含插入图片、插入形状以及输入文字等信息。本小节介绍如何通过 Word 制作一份规划书封面。

本实例的原始文件和最终效果所在位置如下		
	原始文件	素材\原始文件\02\企业规划书.docx
	最终效果	素材\最终效果\02\企业规划书.docx

1. 插入图片

在 Word 2016 文档中，通过插入图片和文本框，用户可以快速地设计文档封面。

（1）打开本实例的原始文件，将光标定位在第 1 页行首，单击【插入】选项卡，在【页面】组中单击【空白页】按钮 空白页 ，即可插入一个空白页，单击【插入】选项卡，在【插图】组中单击 按钮，如图 2-27 所示。

（2）弹出【插入图片】对话框，从中选择要插入的图片素材文件"图片 2.jpg"，单击 插入(S) 按钮，如图 2-28 所示。

图 2-27　输入空白页

图 2-28　插入图片

（3）返回到 Word 文档中，此时，文档中插入了一个封面底图。选中该图片，然后单击鼠标右键，在弹出的快捷菜单中选择【大小和位置】菜单项，弹出【布局】对话框，单击【大小】选项卡，选中【锁定纵横比】和【相对原始图片大小】复选框，然后在【高度】组合框中的【绝对值】微调框中输入"29.7 厘米，如图 2-29 所示。

（4）单击【文字环绕】选项卡，在【环绕方式】组合框中选择【衬于文字下方】选项，单击 确定 按钮，如图 2-30 所示，然后将图片相对于页面【左对齐】和【顶端对齐】。

图 2-29　弹出【布局】对话框

图 2-30　设置图片环绕方式

2. 插入形状

返回到 Word 中可以看到图片充满了整个页面，若再输入文字会让页面显得混乱，为了突出显示文字部分，可以在图片上插入两个交叉的三角形。插入形状的具体步骤如下。

（1）单击【插入】选项卡，在【插图】组中单击 ▣ 按钮，在弹出的下拉列表中选择【基本形状】➤【直角三角形】，如图 2-31 所示。

（2）当鼠标变为"+"形状时，将鼠标移动到要插入三角形的位置上，按住鼠标左键不放，拖动鼠标即可绘制一个三角形，绘制完毕，放开鼠标即可。

（3）选中三角形，单击【绘图工具】下的【格式】选项卡，在【形状样式】组中单击 ⬗形状填充 ▾ 按钮，在弹出的下拉列表中选择【其他填充颜色】选项，如图 2-32 所示。

图 2-31 插入形状

图 2-32 设置填充颜色

（4）弹出【颜色】对话框，单击【自定义】选项卡，在【颜色模式】下拉列表中选择【RGB】选项，然后通过调整【红色】【绿色】【蓝色】微调框中的数值来选择合适的颜色，此处【红色】【绿色】【蓝色】微调框中的数值分别设置为"218""238""243"，单击 确定 按钮，如图 2-33 所示。

（5）在【形状样式】组中单击 ⬚形状轮廓 ▾ 按钮，在弹出的下拉列表中选择【无轮廓】选项，如图 2-34 所示。

图 2-33 设置【颜色】对话框

图 2-34 设置无轮廓

（6）选中三角形，单击鼠标右键，在弹出的快捷菜单中选择【其他布局选项】选项，弹出【布局】对话框，单击【大小】选项卡，在【高度】组合框中的【绝对值】微调框中输入"32.73 厘米"，在【宽度】组合框中的【绝对值】微调框中输入"18.57 厘米"，在【旋转】组合框中的【旋转】微调框中输入"225°"，单击 确定 按钮，如图 2-35 所示，并将三角形移动到合适的位置。

（7）用同样的方法插入一个直角三角形，并将其颜色设置为【白色,背景 1】，并设置其大小（高度为"25.95 厘米"，宽度为"21 厘米"），选中三角形，在【排列】组中单击【旋转】按钮 旋转，在弹出的下拉列表中选择【水平翻转】选项，如图 2-36 所示，设置完毕后，将三角形于页面【底端对齐】和【右对齐】，然后将三角形设置为【无轮廓】即可。

图 2-35　设置【布局】对话框

图 2-36　图片水平翻转

3. 设计封面文字

在编辑 Word 文档时经常会使用文本框设计封面文字。其具体步骤如下。

（1）单击【插入】选项卡，然后单击【文本】组中的【文本框】按钮，在弹出的【内置】列表框中选择【简单文本框】，此时文档中插入了一个简单文本框，在文本框中输入公司名称"企业医疗规划书"，选中该文本框，单击【开始】选项卡，在【字体】组中的【字体】下拉列表中选择【黑体】选项，在【字号】下拉列表中选择【20】选项，单击【加粗】按钮 B，如图 2-37 所示。

（2）将文本框设置为无填充、无轮廓后，移动到合适的位置，再插入两个相同的文本框并输入对应的文字（"企业"字体为【微软雅黑】【加粗】，字号为【小初】；其他文字字体为【黑体】，字号为【三号】），效果如图 2-38 所示。

图 2-37　设置文本框字体

图 2-38　插入其余文本框

（3）版面上只有文字会略显单调，可以在文字中增加一些线条来调节页面，并设置形状的粗细（线条粗细分别为"3磅"和"4.5磅"），如图2-39所示。

（4）返回到Word中即可看到设置后的效果，如图2-40所示。

图2-39 设置线条形状

图2-40 设置效果

（5）设置完右侧版面，为了让页面左右对称，需要对左侧版面进行设置，插入一个无填充、无轮廓的文本框，并输入文字"COMPANY PROFILE 2018"，如图2-41所示。

（6）选中文字，单击【开始】选项卡，在【字体】组中的【字体】下拉列表中选择【方正正大黑简体】选项，在【字号】下拉列表中选择【小二】，然后单击【加粗】按钮 B ，如图2-42所示。

图2-41 输入文本框文字

图2-42 设置字体

（7）系统默认的字体颜色通常为黑色，用户可以对其颜色进行调整，选中文字，单击【字体】组中的【字体颜色】按钮 A 右侧的下拉按钮，在弹出的下拉列表中选择【其他颜色】选项，如图2-43所示。

（8）弹出【颜色】对话框，单击【自定义】选项卡，在【颜色模式】下拉列表中选择【RGB】选项，然后通过调整【红色】【绿色】【蓝色】微调框中的数值来选择合适的颜色，此处【红色】【绿色】【蓝色】微调框中的数值分别设置为"23""54""93"，单击 确定 按钮即可，如图2-44所示。

图2-43 设置字体颜色

图2-44 【颜色】对话框

2.2.2 | 生成规划书目录

文档创建完成后，为了便于阅读，可以为其添加一个目录。使用目录可以使文档的结构更加清晰，便于阅读者对整个文档进行定位。

本实例的原始文件和最终效果所在位置如下	
原始文件	素材\原始文件\02\企业规划书 1.docx
最终效果	素材\最终效果\02\企业规划书 1.docx

1. 设置大纲级别

生成目录之前，先要根据文本的标题样式设置大纲级别，大纲级别设置完毕即可在文档中插入目录。

Word 2016 使用层次结构来组织文档，大纲级别就是段落所处层次的级别编号。Word 2016 提供的内置标题样式中的大纲级别都是默认设置的，用户可以直接生成目录。当然，用户也可以自定义大纲级别，例如分别将标题 1、标题 2 和标题 3 设置成 1 级、2 级和 3 级。设置大纲级别的具体步骤如下。

（1）打开本实例的原始文件，将光标定位在一级标题的文本上，单击【开始】选项卡，然后单击【样式】组右下角的【对话框启动器】按钮 ，弹出【样式】任务窗格，在【样式】列表框中选择【标题 1】选项，然后单击鼠标右键，在弹出的快捷菜单中选择【修改】菜单项，如图 2-45 所示。

（2）弹出【修改样式】对话框，然后单击 格式 按钮，在弹出的下拉列表中选择【段落】选项，如图 2-46 所示。

图 2-45 标题 1 修改

图 2-46 【段落】对话框

（3）弹出【段落】对话框，单击【缩进和间距】选项卡，在【常规】组合框中的【大纲级别】下拉列表中选择"1 级"选项，单击 确定 按钮，如图 2-47 所示。

（4）返回【修改样式】对话框，再次单击 确定 按钮，返回 Word 文档，设置效果如图 2-48 所示。

（5）使用同样的方法将"标题 2"的大纲级别设置为"2 级"，将"标题 3"的大纲级别设置为"3 级"，如图 2-49 所示。

图 2-47 设置大纲"1 级"

图 2-48 设置效果

图 2-49 设置"标题 2"和"标题 3"的大纲级别

2. 插入目录

大纲级别设置完毕，接下来就可以生成目录了。生成自动目录的具体步骤如下。

（1）将光标定位到文档中第一行的行首，单击【引用】选项卡，然后单击【目录】组中的【目录】按钮，在弹出的下拉列表中选择【内置】中的目录选项即可，例如选择【自动目录 1】选项，如图 2-50 所示。

（2）返回 Word 文档中，在光标所在位置自动生成了一个目录，效果如图 2-51 所示。

图 2-50 选择目录

图 2-51 目录效果

2.2.3 打印企业规划书

规划书的各项内容编辑完成后，接下来就可以将其打印出来，便于今后具体实施。

在打印之前，可以对文档的页面进行设置，例如设置纸张大小和页边距等。

本实例的原始文件和最终效果所在位置如下		
	原始文件	素材\原始文件\02\企业规划书 2.docx
	最终效果	素材\最终效果\02\企业规划书 2.docx

1. 设置纸张及页边距

（1）单击【布局】选项卡，然后单击【页面设置】组右下角的【对话框启动器】按钮 ，弹出【页面设置】对话框。

（2）单击【纸张】选项卡，在【纸张大小】下拉列表中选择所需的纸张，这里选择【A4】选项，然后在【宽度】和【高度】微调框中默认数据"21 厘米"和"29.7 厘米"，单击 确定 按钮。此时文档的页面大小发生了变化，如图 2-52 所示。

（3）按照前面介绍的方法打开【页面设置】对话框，单击【页边距】选项卡，在【页边距】组合框中的【上】【下】【左】和【右】等微调框中根据用户需要进行设置，这里不需更改，使用默认值即可，单击 确定 按钮，如图 2-53 所示，此时文档的页边距发生了变化。

图 2-52 设置纸张

图 2-53 设置页边距

2. 打印文档

文档打印前的准备工作都已就绪，接下来就可以打印了。

（1）单击【文件】选项卡，选择【打印】选项，在【打印份数】微调框中输入"2"，在【打印机】组合框中选择合适的打印机，在【设置】下拉列表中选择【打印所有页】选项，如图 2-54 所示。

（2）在右侧预览窗口中可看到打印页面的预览效果，通过调节窗口右侧的垂直滚动条可浏览各个页面，鼠标点击窗口下方的【放大】按钮 + 和【缩小】按钮 − 来调节页面预览的显示比例，也可直接用鼠标拖动中间的滑块进行调节，如图 2-55 所示。

（3）设置完毕后，单击【打印】按钮即可开始打印，如图 2-56 所示。

图 2-54 设置打印选项

图 2-55 调节打印预览页面大小

图 2-56 打印文档

 练兵场

1. 打开【习题】文件夹中的表格文件："练习题/原始文件/02/【火锅点菜单】"，并按以下要求进行设置。

（1）在首页文档中绘制一个 9 行 4 列的表格。

（2）将第 2 页中的信息填入表格中，将第 1 行和最后 1 行的字体设置为【黑体】【小二】，其他字体设置为【幼圆】【小二】，将第 1 列的第 2 至 8 行中的文本单元格对齐方式设置为【中部两端对齐】，其他单元格对齐方式为【水平居中】。

（3）在表格上方插入两行空行，在第 1 行处输入"点菜单"，并将其字体格式设置为【楷体】【一号】【居中】。

（4）将行高微调为【1.6 厘米】，手动调整表格列宽至合适的大小。

（最终效果见："练习题/最终效果/02/【火锅点菜单】"）

2．打开【习题】文件夹中的表格文件："练习题/原始文件/02/【火锅点菜单 1】"，并按以下要求进行设置。

（1）在表格第 1 列每项肉品名称前插入特殊符号"口"。

（2）为表格套用表样式【中等深浅网格 3 - 强调文字颜色 3】，然后使整个表格居中对齐。

（3）在表格底部绘制一个横排文本框，并输入文本内容"即日起凡在本店消费肉类满 200 元即送 50 元代金券"，将文本框边框设置为【实线】、【2.25】磅，内部边距上下左右均微调至【0.02 厘米】。

（4）将页边距设置为【适中】。

（最终效果见："练习题/最终效果/02/【火锅点菜单 1】"）

第 3 章

Word 高级排版与文档加密

　　Word 2016 除了具有强大的文字处理功能外，还可以通过使用相关的工具对文档进行排版，轻松编排出不同版式且具有专业水准的文档。本章介绍使用 Word 2016 对文档进行排版与加密的方法。

3.1 制作调查问卷表

实例目标

企业产品开发人员为了保证新产品上市后能给企业带来一定的经济效益，通常需要经过几个方面的调查，然后将产品推向市场。下面制作一份《神龙医药》问卷调查表，效果如图3-1所示。

图3-1 问卷调查表最终效果

实例解析

本例在制作之前，可以从以下几个方面进行分析和资料准备。

（1）确定问卷调查表的内容。问卷调查表中应该包含页眉和页脚、问卷标题、开场白、资料信息等情况。

（2）制作调查问卷表。制作调查问卷表首先要在Word文档中设置页眉和页脚，输入问卷标题，设置其开场白，插入相关资料。

操作过程

结合上述分析，本例的制作思路如图3-2所示，涉及的知识点包括在调查表中输入标题、插入标题和开场白、插入复选框控件、制作代金券等。

下面将具体讲解本例的制作过程。

① 设置页眉图片　　　　　　　　　② 插入标题并设置其格式

④ 标题和开场白的最终效果　　　　　③ 插入开场白图片

⑤ 插入文本框并输入信息　　　　　　⑥ 插入复选框控件

⑧ 问卷调查表最终效果　　　　　　　⑦ 插入代金券

图 3-2　问卷调查表制作思路

3.1.1 输入问卷标题和开场白

在制作"神龙医药"问卷调查表时，首先要确定纸张的大小，然后利用插入艺术字和文本框来设置问卷标题和开场白。

本实例的原始文件和最终效果所在位置如下	
素材文件	素材\素材文件\03\图片 1、图片 2
原始文件	无
最终效果	素材\最终效果\03\调查问卷.docx

1. 设置纸张

（1）创建一个新的空白文档，将其以"调查问卷"为名称保存在适当的位置，打开文件，单击【布局】选项卡，单击【页面设置】组右下角的【对话框启动器】按钮，弹出【页面设置】对话框，单击【纸张】选项卡，在【纸张大小】下拉列表中选择合适的选项，例如选择【A4】选项，单击 确定 按钮，如图 3-3 所示。

（2）在页眉处双击鼠标左键，使页眉处于可编辑状态，单击【插入】选项卡，在【插图】组中单击【图片】按钮，弹出【插入图片】对话框，在左侧选择要插入的图片保存位置，然后从中选择合适的素材图片，例如"图片 1"，单击 插入(S) 按钮，如图 3-4 所示，即可插入图片。

图 3-3　选择纸张大小

图 3-4　插入图片

（3）选中插入的图片，单击鼠标右键，在弹出的快捷菜单中选择【大小和位置】选项，弹出【布局】对话框，单击【大小】选项卡，选中【锁定纵横比】和【相对原始图片大小】复选框，在【高度】组合框中的【绝对值】微调框中输入"29.7 厘米"，如图 3-5 所示。

（4）单击【文字环绕】选项卡，在【环绕方式】组合框中选择【衬于文字下方】选项，如图 3-6 所示。

（5）单击【位置】选项卡，在【水平】组合框中选中【对齐方式】单选钮，在【相对于】下拉列表中选择【页面】选项，在左侧下拉列表中选择【居中】选项；在【垂直】组合框中选中【对齐方式】单选钮，在【相对于】下拉列表中选择【页面】选项，在左侧下拉列表中选择【居中】选项，单击 确定 按钮，如图 3-7 所示。

（6）返回 Word 中，即可看到设置效果，单击【页眉和页脚工具】下的【设计】选项卡，在【关闭】组中单击【关闭页眉和页脚】按钮即可，如图 3-8 所示。

图 3-5　设置图片大小

图 3-6　设置图片环绕方式

图 3-7　设置图片位置

图 3-8　页眉图片效果

2. 设计问卷标题

在 Word 文档中使用艺术字设计问卷标题的步骤如下。

（1）单击【插入】选项卡，然后单击【文本】组中的【艺术字】按钮，在弹出的下拉列表框中选择一种合适的样式，例如【填充-橙色,主题色 2,边框:橙色,主题色 2】，如图 3-9 所示。

（2）此时在文档中插入一个应用了样式的艺术字文本框，在文本框中输入"调查问卷表"，并将其移动到合适的位置，选中该文本框，单击【绘图工具】下的【格式】选项卡，然后单击【艺术字样式】组中的 △▾ 按钮，在弹出的下拉列表中选择【其他填充颜色】选项，如图 3-10 所示。

图 3-9　插入艺术字文本框

图 3-10　输入标题并填充颜色

（3）弹出【颜色】对话框，单击【自定义】选项卡，在【颜色模式】下拉列表中选择【RGB】选项，在【红色】【绿色】和【蓝色】微调框中分别输入"143""173""75"，单击 确定 按钮，如图 3-11 所示。返回文档中，选中文本框，单击【艺术字样式】组中的【文本轮廓】按钮，在弹出的下拉列表中选择【无轮廓】选项，如图 3-12 所示。

图 3-11　设置标题颜色

图 3-12　设置文本框轮廓

（4）选中文本，单击【开始】选项卡，在【字体】组中的【字体】下拉列表中选择【方正黑体简体】选项，在【字号】下拉列表中选择【一号】选项，然后单击【加粗】按钮 **B**，如图 3-13 所示。返回文档中即可看到标题的设置效果，如图 3-14 所示。

图 3-13　设置字体格式

图 3-14　标题设置效果

3. 设计开场白

在 Word 文档中使用插入图片和文本框来设计开场白，具体的操作步骤如下。

（1）单击【插入】选项卡，在【插图】组中单击【图片】按钮 ，弹出【插入图片】对话框，在左侧选择要插入的图片保存位置，然后从中选择合适的素材图片，例如"图片 2"，单击 插入(S) 按钮，如图 3-15 所示。

图 3-15　插入图片

（2）返回文档中，选中图片，单击鼠标右键，在弹出的快捷菜单中选择【大小和位置】选项，弹出【布局】对话框，单击【文字环绕】选项卡，在【环绕方式】组合框中选择【浮于文字上方】选项，单击 确定 按钮，如图 3-16 所示。

图 3-16　设置图片"浮于文字上方"

（3）返回到文档中，对图片的大小和位置进行相应的调整，如图3-17所示，然后在图片的右侧绘制一个横排文本框，在文本框中输入内容，并设置其字体格式和字体颜色，然后调整其大小和位置，如图3-18所示。

图3-17　调整图片　　　　　　　　　　　　　　图3-18　输入文本框内容并设置格式

（4）选中文本框，单击【绘图工具】下的【格式】选项卡，然后单击【形状样式】组中的 形状轮廓 按钮，在弹出的下拉列表中选择【无轮廓】选项，如图3-19所示。

图3-19　无轮廓设置

（5）单击【形状样式】组中的 形状填充 按钮，在弹出的下拉列表中选择【无填充】选项，如图3-20所示。返回到文档中即可看到设置的效果，如图3-21所示。

图3-20　设置无填充颜色　　　　　　　　　　　图3-21　问卷标题和开场白的最终效果

3.1.2 插入表格并输入资料信息

用户可以在问卷表中插入表格，以便输入"姓名""性别""联系方式"等项目信息。

本实例的原始文件和最终效果所在位置如下	
素材文件	素材\素材文件\03\图片 3
原始文件	素材\原始文件\03\调查问卷 1.docx
最终效果	素材\最终效果\03\调查问卷 1.docx

1. 插入表格并设置表格格式

（1）打开本实例的原始文件，将光标定位在文档中，单击【插入】选项卡，然后单击【表格】组中的【表格】按钮，在下拉菜单中选择【插入表格】选项，如图 3-22 所示。

（2）弹出【插入表格】对话框，在【表格尺寸】组合框中的【列数】微调框中输入"5"，在【行数】微调框中输入"3"，单击 确定 按钮，如图 3-23 所示。

图 3-22　插入表格

图 3-23　设置表格行数与列数

（3）返回到文档中，选中整个表格，单击【表格工具】下的【设计】选项卡，然后单击【边框】组右侧的【对话框启动器】按钮，弹出【边框和底纹】对话框，单击【边框】选项卡，在【样式】列表框中选择一种合适的线条颜色，单击 确定 按钮，如图 3-24 所示。

（4）返回文档中选择需要合并的单元格，单击鼠标右键，在弹出的快捷菜单中选择【合并单元格】选项，如图 3-25 所示。

图 3-24　设置表格边框

图 3-25　合并单元格

（5）使用同样的方法对其他需要合并的单元格进行合并，并调整单元格的宽度，在表格中输入需要调查的信息，将其字体设置为【宋体】，字号为【五号】，如图 3-26 所示。

（6）空出 3 行，插入一个 1*1 的表格，选中表格，单击【表格工具】下的【布局】选项卡，在【单元格大小】组中的【表格行高】微调框中输入"6.4 厘米"。设置完毕，在表格中输入相应的内容，并将其字体设置为【宋体】，字号为【五号】，字形设置为【加粗】，如图 3-27 所示。

图 3-26　输入调查信息　　　　　　　　　　图 3-27　插入表格并设置

2. 插入文本框

（1）在两个表格的左上方分别绘制一个横排文本框，并在文本框中输入文字"《神龙医药》的会员资料"和"《神龙医药》问卷"，然后选中两个文本框，将其字体设置为【黑体】，字号为【13】，字形设置为【居中对齐】，如图 3-28 所示。

（2）选中文本框，将文本框填充为【橄榄色】，字体颜色设置为【白色,背景 1】，然后单击鼠标右键，在弹出的快捷菜单中选择【设置对象格式】，如图 3-29 所示。

图 3-28　插入文本框并输入内容　　　　　　　图 3-29　填充文本框

（3）弹出【设置形状格式】任务窗格，单击【线条与线条】选项卡，单击【无线条】单选钮，如图 3-30 所示。

（4）单击【文本框】选项卡，在【文本框】组合框中的【上边距】微调框中输入"0 厘米"，如图 3-31 所示。

（5）单击【关闭】按钮，关闭【设置形状格式】任务窗格，将光标定位在插入形状的位置，单击【插入】选项卡，然后单击【插图】组中的【形状】按钮 形状，在弹出的下拉列表中选择【直线】选项，如图 3-32 所示。

（6）此时，鼠标指针变为"十"字形状，单击鼠标左键即可插入一条直线，然后按住鼠标左键不放向右拖动，即可调整直线长短。选中直线，单击【绘图工具】下的【格式】选项卡，然后单击【形状样式】组中的【其他】按钮，在弹出的下拉列表中选择【中等线-强调颜色 3】，如图 3-33 所示。

图 3-30　设置文本框线条

图 3-31　设置文本框边框

图 3-32　插入直线

图 3-33　设置直线样式

（7）选中直线，单击【格式】选项卡，然后单击【形状样式】组中的 形状轮廓 按钮，在弹出的下拉列表中选择【其他轮廓颜色】选项，弹出【颜色】对话框，单击【自定义】选项卡，在【颜色模式】下拉列表中选择【RGB】选项，然后在【红色】【绿色】【蓝色】微调框中分别输入"143""173""75"，单击 确定 按钮，如图 3-34 所示。

（8）返回文档中，复制粘贴一条同样样式的直线，调整到合适的位置，选中含有《神龙医药》的会员资料"的文本框以及其下方的直线，单击鼠标右键，在弹出的快捷菜单中选择【组合】➤【组合】选项，如图 3-35 所示，含有《神龙医药》的会员资料"的文本框以及其下方的直线组合为一个整体，按照相同的方法将"《神龙医药》问卷"文本框以及其下方的直线组合为一个整体。

图 3-34　设置直线颜色

图 3-35　组合形状

3. 插入复选框控件

在 Word 中可以通过插入复选框控件来设计项目信息，以便用户选择所需的项目。

（1）如果用户还没有添加【开发工具】选项卡，可以单击 文件 按钮，在弹出的界面中选择【选项】选项，弹出【Word 选项】对话框，选择【自定义功能区】选项卡，在【自定义功能区】下拉列表中选择【主选项卡】选项，在下面的【主选项卡】列表框中单击【开发工具】复选框，单击 确定 按钮，即可显示【开发工具】选项卡，如图 3-36 所示。

图 3-36　添加【开发工具】选项卡

（2）将光标定位在需要插入复选框控件的位置，单击【开发工具】选项卡，然后单击【控件】组中的【旧式工具】按钮，在弹出的下拉列表中选择【复选框（ActiveX 控件）】选项，如图 3-37 所示。

（3）系统会自动插入一个名为"CheckBox1"的复选框，在该复选框上单击鼠标右键，在弹出的快捷菜单中选择【属性】选项，如图 3-38 所示。

（4）弹出【属性】任务窗格，单击【按字母序】选项卡，选择【Caption】选项，在其右侧的文本框中输入"男"，如图 3-39 所示。

（5）单击右上角的【关闭】按钮，关闭【属性】任务窗格，即可看到复选框的名称修改为"男"，在该复选框上单击鼠标右键，在弹出的快捷菜单中选择【设置自选图形/图片格式】选项，如图 3-40 所示。

图 3-37　插入复选框控件

图 3-38　选择【属性】选项

图 3-39 【属性】任务窗格

图 3-40 【设置控件格式】选项

（6）弹出【设置对象格式】对话框，单击【版式】选项卡，在【环绕方式】组合框中选择【浮于文字上方】选项，单击 ▢确定 按钮，如图 3-41 所示。

图 3-41　设置【环绕方式】

（7）返回文档中，调整其大小和位置，使用复制粘贴功能复制一个复选框控件，将其【Caption】属性更改为"女"，如图 3-42 所示。

（8）将光标定位在第 2 个表格中的"您平时有需要时……"的下一行，单击【开发工具】选项卡，然后单击【控件】组中的【旧式工具】按钮 ▦▾，在弹出的下拉列表中选择【复选框】选项，系统会自动插入一个名为"CheckBox2"的复选框，如图 3-43 所示。

图 3-42　设置性别控件

图 3-43　再次插入一个【复选框】

（9）按照前面介绍的方法打开【属性】任务窗格，单击【按字母序】选项卡，选择【Caption】选项，在其右侧的文本框中输入"神龙药房"。然后将此复选框控件的环绕方式设置为【浮于文字上方】，然后调整其大小和位置，如图 3-44 所示。

（10）使用复制粘贴功能复制 12 个复选框，然后依次更改其【Caption】属性，并调整它们的大小和位置，并在"其他（请指明）"复选框的右下侧绘制一条横线，单击【开发工具】选项卡，然后单击【控件】组中的【设计模式】按钮，退出设计模式，如图 3-45 所示。

图 3-44　设置复选框

图 3-45　添加复选框并退出设计

4. 制作代金券

在设计调查问卷时，可以制作一份购物代金券，为企业争取更多的市场。

（1）在第 2 个表格下方绘制一条直线，单击【绘图工具】下的【格式】选项卡，然后单击【形状样式】组中的形状轮廓·按钮，在弹出的下拉列表中选择【粗细】➤【0.75 磅】选项，如图 3-46 所示。

（2）用同样的方法在弹出的下拉列表的【主题颜色】中选择【黑色,文字 1】选项，再选择【虚线】➤【方点】，如图 3-47 所示，即可将剪切线绘制完成。

图 3-46　设置直线粗细

图 3-47　绘制剪切线

（3）将光标定位在剪切线下方，单击【插入】选项卡，然后单击【插图】组中的【图片】按钮，弹出【插入图片】对话框，从中选择要插入的素材文件"图片3"，单击 插入(S) ▼ 按钮，如图3-48所示。

图 3-48　插入图片

（4）即可在文档中插入一张图片，选中该图片，将此图片的环绕方式设置为【浮于文字上方】，然后调整其大小和位置，如图3-49所示。

图 3-49　设置图片

（5）在图片右侧插入一个简单文本框，并输入相应内容，设置字体格式，选中文本框，在【绘图工具】下的【格式】选项卡中将其设置为【无填充颜色】和【无轮廓】，如图3-50所示。

（6）在剪切线左侧绘制一个文本框，并设置文本框为【无填充颜色】和【无轮廓】，将光标定位在文本框中，单击【插入】选项卡，然后单击【符号】组中的 Ω符号 ▼ 按钮，在弹出的下拉列表中选择【其他符号】选项，如图3-51所示。

（7）弹出【符号】对话框，切换到【符号】选项卡，在【字体】下拉列表中选择【Wingdings】选项，在下面的列表框中选择"剪刀"符号，单击 插入(I) 按钮，如图3-52所示。

（8）然后单击 关闭 按钮，调整其大小和位置，效果如图3-53所示。

图 3-50　插入文本框并设置　　　　　　　　　　图 3-51　插入符号

图 3-52　选择"剪刀"符号

图 3-53　设置效果

3.1.3　保护问卷调查表

问卷调查表制作完成后，为了防止他人随意修改或者删除其中的内容，可以对文档进行保护，还可以为文档设置密码。

本实例的原始文件和最终效果所在位置如下		
	原始文件	素材\原始文件\03\调查问卷 2.docx
	最终效果	素材\最终效果\03\调查问卷 2.docx

操作步骤

1. 限制格式和编辑

通过对选定的样式限制格式，可以防止样式被修改，也可以防止用户直接将格式应用于文档。

（1）打开本实例的原始文件，单击【审阅】选项卡，然后单击【保护】组中的【限制编辑】按钮。

（2）打开【限制编辑】任务窗格，在【格式化限制】组合框中选中【限制对选定的样式设置格式】复选框，单击【设置】链接，如图 3-54 所示。

（3）弹出【格式化限制】对话框，选中【限制对选定的样式设置格式】复选框，然后在下面的列表框中选中允许使用的样式，单击 确定 按钮，如图 3-55 所示。

图 3-54　单击【设置】链接　　　　　　　图 3-55　编辑【格式设置限制】对话框

（4）弹出【Microsoft Word】提示对话框，然后单击 [是(Y)] 按钮，即可完成对格式设置的限制，如图 3-56
所示。

图 3-56　【Microsoft Word】提示对话框

（5）返回文档中，在【限制格式和编辑】任务窗格中单击 [是，启动强制保护] 按钮，弹出【启动强制保护】对话框（见
图3-57），在【保护方法】组合框中选中【密码】单选钮，在【新密码】文本框中输入"123"，然后在【确认新
密码】文本框中输入"123"，单击 [确定] 按钮返回文档，此时文档已处于被保护状态。

（6）停止保护文档。在【限制格式和编辑】任务窗格中单击 [停止保护] 按钮（见图 3-58），弹出【取消保护文档】
对话框，在【密码】文本框中输入"123"，如图 3-59 所示。单击 [确定] 按钮，即可解除对文档的保护，如图
3-60 所示。

2. 对局部内容进行限制

用户还可以对文档中的部分内容进行限制，具体的操作步骤如下。

（1）按照前面介绍的方法打开【限制编辑】任务窗格，选定需要进行保护的文档内容，然后选中【限制编辑】
任务窗格中的【编辑限制】组合框中的【仅允许在文档中进行此类型的编辑】复选框，并在其下面的下拉列表中
选择【不允许任何更改（只读）】选项，如图 3-61 所示。

（2）如果允许任何人对所选的文本内容进行编辑，则可选中【组】列表框中的【每个人】复选框，如图 3-62
所示。

图 3-57　输入强制保护密码

图 3-58　单击【停止保护】按钮

图 3-59　输入取消保护文档的密码

图 3-60　文档已停止保护

图 3-61　设置编辑限制

图 3-62　允许每个人进行编辑

3. 为文档加密

用户可以为重要的文档设置密码保护，防止他人随意查看或者更改。

● 创建打开文件密码

创建打开文件密码后，用户只有输入了正确的密码才能打开文件。

（1）单击【文件】按钮，然后单击【信息】选项卡，再单击【保护文档】组中的【保护文档】按钮，在下拉菜单中选择【用密码进行加密】选项，如图 3-63 所示。

（2）弹出【加密文档】对话框。在【密码】文本框输入密码"123456"后单击【确定】按钮，在弹出的【确认密码】对话框中再次输入此密码，单击【确定】按钮，如图 3-64 和图 3-65 所示。

（3）对已关闭的文档再次打开时，就会弹出【密码】对话框，要求输入正确的密码"123456"，输入无误单击【确定】按钮即可打开文档，如图 3-66 所示。

（4）如果用户想要取消打开文档时的密码，只需再次打开【加密文档】对话框，删除密码，单击【确定】按钮，然后保存即可。

图 3-63　选择【用密码进行加密】

图 3-64　输入加密密码

图 3-65　确认密码

图 3-66　打开文档时输入密码

3.2 管理制度

实例目标

管理制度是指组织对内部或外部资源进行分配调整，对组织架构、组织功能和组织目的的明确和界定，对实现公司目标所采取的组织、控制、协调和反馈等活动所依据的规范形式的总和。本节将介绍使用 Word 制作管理制度的方法。管理制度最终效果如图 3-67 所示。

图 3-67　6S 管理制度最终效果

实例解析

本例在制作之前，可以从以下几个方面进行分析和资料准备。

（1）确定 6S 管理制度的内容。管理制度中应该包含标题和内容两大板块。插入的内容具体有整理空间、整顿物品、清扫场所、清洁环境、培养素养以及成员安全教育等。

（2）制作 6S 管理制度。制作管理制度首先要输入管理制度的标题并进行设置，然后插入相关内容，最后对整个流程图进行美化设置。

操作过程

结合上述分析，本例的制作思路如图 3-68 所示，涉及的知识点包括设计流程图标题、绘制流程图、设置流程图样式等。

① 绘制标题并设置格式　　　　　② 插入标题与内容的间隔形状

图 3-68　6S 管理制度流程制作思路

④ 插入文本框　　　　　　　　　　　　　③ 插入内容的形状与图片

⑤ 插入 6S 内容　　　　　　　　　　　　　⑥ 最终效果

图 3-68　6S 管理制度流程制作思路（续）

下面将具体讲解本例的制作过程。

3.2.1　设计制度标题

在绘制管理制度之前，首先需要设置管理制度的标题。绘制管理制度需要使用插入文本框功能来完成。本小节主要介绍设置管理制度标题的方法。

本实例的原始文件和最终效果所在位置如下	
原始文件	无
最终效果	素材\最终效果\03\管理制度.docx

1. 设置纸张

（1）新建一个 Word 文档，将其命名为"管理制度"，保存到合适的位置，如图 3-69 所示。

（2）打开文件，单击【布局】选项卡，在【页面设置】组中单击 纸张方向 按钮右侧的下拉按钮，在弹出的下拉列表中选择【横向】选项，如图 3-70 所示，返回到文档中即可看到纸张变为横向。

2. 插入标题文本并设置字体格式

（1）按照上面的方法插入一个横排文本框，并输入标题内容，选中文本，单击【开始】选项卡，在【字体】组中的【字体】下拉列表中选择【方正兰亭粗黑简体】选项，在【字号】下拉列表中选择【小初】，如图 3-71 所示。

（2）系统默认的字体颜色通常为黑色，用户可以对其颜色进行调整，选中文字，单击【字体】组中的【字体颜色】按钮 A 右侧的下拉按钮，在弹出的下拉列表中选择【黑色，文字 1，淡色 35%】选项，如图 3-72 所示。

图 3-69　新建文件

图 3-70　设置纸张

图 3-71　输入标题并设置格式

图 3-72　设置字体颜色

3. 设置文本框格式

（1）选中文本框，单击【绘图工具】下的【格式】选项卡，然后单击【形状样式】组中的 形状轮廓▾ 按钮右侧的下拉按钮，在弹出的下拉列表中选择【无轮廓】选项，如图 3-73 所示。

（2）返回到文档中，即可看到设置后的效果，将标题移动到合适位置，如图 3-74 所示。

图 3-73　设置无轮廓

图 3-74　标题最终效果

3.2.2　插入间隔形状

为了区分标题与下方内容，用户可以在标题的下方插入形状用于区分，例如插入一条直线与四边形组合的形状样式等。

本实例的原始文件和最终效果所在位置如下		
	原始文件	素材\原始文件\03\管理制度 1.docx
	最终效果	素材\最终效果\03\管理制度 1.docx

1. 插入直线

（1）打开本实例的原始文件，单击【插入】选项卡，然后单击【插图】组中的【形状】按钮，在弹出的下拉列表中选择【线条】▶【直线】选项，如图 3-75 所示。

（2）返回 Word 中，此时鼠标变成"十"字形状，按住【Shift】键不放，拖动鼠标即可绘制一条直线，选中直线，单击【绘图工具】下的【格式】选项卡，再单击【形状样式】组中的形状轮廓·按钮右侧的下拉按钮，在弹出的下拉列表中选择【其他轮廓颜色】选项，如图 3-76 所示。

图 3-75　插入直线　　　　　　　　　　图 3-76　设置直线颜色

（3）弹出【颜色】对话框，单击【自定义】选项卡，在【颜色模式】下拉列表中选择【RGB】选项，在【红色】【绿色】和【蓝色】微调框中分别输入"83""157"和"244"，然后单击 确定 按钮，如图 3-77 所示。

（4）在【形状样式】组中单击形状轮廓·按钮右侧的下拉按钮，在弹出的下拉列表中选择【粗细】▶【1.5 磅】，如图 3-78 所示。

图 3-77　设置【颜色】对话框　　　　　　图 3-78　设置直线粗细

2. 插入形状

为了让整体页面不单调，可以在直线上加一个四边形。

（1）单击【插入】选项卡，然后单击【插图】组中的【形状】按钮，在弹出的下拉列表中选择【基本形状】▶【平行四边形】选项，如图 3-79 所示。

（2）返回 Word 中，绘制一个四边形，选中四边形，单击【绘图工具】下的【格式】选项卡，在【大小】组中的【高度】微调框中输入"0.61 厘米"，在【宽度】微调框中输入"23.47 厘米"，如图 3-80 所示。

图 3-79　插入四边形

图 3-80　设置四边形大小

（3）选中四边形，调整其填充颜色，使其与直线颜色一致，并设置轮廓为【无轮廓】，效果如图 3-81 所示。

（4）用户也可以对四边形进行垂直翻转。单击【格式】选项卡，在【排列】组中单击【旋转】按钮，在弹出的下拉列表中选择【垂直翻转】选项，如图 3-82 所示。

图 3-81　四边形效果

图 3-82　垂直翻转

3.2.3　绘制管理制度内容

绘制完形状，需要填写管理制度的内容，包括插入图片、形状与文字相结合。

本实例的原始文件和最终效果所在位置如下	
素材文件	素材\素材文件\03\01～06
原始文件	素材\原始文件\03\管理制度 2.docx
最终效果	素材\最终效果\03\管理制度 2.docx

1. 插入形状

（1）在插入图片之前，用户需要插入一个形状作为底图，单击【插图】组中的【形状】按钮，在弹出的下拉列表中选择【矩形】➤【圆角】选项，如图 3-83 所示。

（2）返回 Word 中，拖动鼠标绘制一个圆角矩形，选中矩形，在【大小】组中的【高度】微调框中输入"2.91 厘米"，在【宽度】微调框中输入"2.91 厘米"，如图 3-84 所示。

（3）选中圆角矩形，在【形状样式】组中单击 形状填充 按钮右侧的下拉按钮，在弹出的下拉列表中选择【其他填充颜色】选项，弹出【颜色】对话框，单击【自定义】选项卡，在【颜色模式】下拉列表中选择【RGB】选项，在【红色】【绿色】和【蓝色】微调框中分别输入"83""157"和"244"，然后单击 确定 按钮，如图 3-85

所示。

（4）在【形状样式】组中单击 形状轮廓 按钮右侧的下拉按钮，在弹出的下拉列表中选择【主题颜色】➤【白色，背景 1，深色 5%】选项，如图 3-86 所示。

图 3-83　插入圆角矩形

图 3-84　设置矩形大小

图 3-85　设置四边形颜色

图 3-86　设置四边形形状轮廓

（5）再次单击 形状轮廓 按钮右侧的下拉按钮，在弹出的下拉列表中选择【粗细】➤【6 磅】选项，如图 3-87 所示。

（6）单击【形状样式】组右下角的设置形状格式按钮 ，弹出【设置形状格式】对话框，单击【三维格式】选项卡，在【顶部棱台】组合框中选择【圆形】，如图 3-88 所示。

图 3-87　设置轮廓粗细

图 3-88　设置三维格式

（7）为了不使矩形右边显得偏重，用户可以在【顶端】右侧对棱台的高度和宽度进行修改，例如，将【高度】和【宽度】更改为"3 磅"，如图 3-89 所示。

（8）单击【阴影】选项卡，在【预设】下拉列表中选择【外部】➤【偏移：右下】，然后单击 关闭 按钮即可，如图 3-90 所示。

图 3-89　设置高度和宽度

图 3-90　设置阴影

2. 插入图片

（1）单击【插入】选项卡，然后单击【插图】组中的【图片】按钮，弹出【插入图片】对话框，在左侧选择要插入图片的保存位置，从中选择合适的图片，例如，素材图片"01"，单击 插入(S) 按钮，如图 3-91 所示。

图 3-91　插入图片

（2）此时图片插入到 Word 中，选中图片，单击鼠标右键，在弹出的快捷菜单中选择【大小和位置】选项，弹出【布局】对话框，单击【文字环绕】选项卡，在【环绕方式】组合框中选择【浮于文字上方】选项，单击 确定 按钮，如图 3-92 所示。

（3）返回到 Word 中，然后调整图片的大小和位置，效果如图 3-93 所示。

（4）选择图片和矩形，单击【绘图工具】下的【格式】选项卡，在【排列】组中单击【对齐】按钮，在弹出的下拉列表中选择【水平居中】选项，如图 3-94 所示。

图 3-92 设置环绕方式

图 3-93 调整图片的大小和位置

图 3-94 设置对齐方式

3. 插入文本框及文字

插入图片后，用户要在图片后附上文字说明，这里用户可以插入一个无轮廓的文本框，步骤不再赘述。在文本框中插入相关文字的步骤如下。

（1）插入一个无轮廓的文本框，并输入相应的内容，选中文字，单击【开始】选项卡，在【字体】组中的【字体】下拉列表中选择【微软雅黑】；然后选中"整理（SEIRI）"文字部分，将其【字号】设置为【四号】；其余文字部分的【字号】设置为【小五】，如图 3-95 所示。

（2）系统默认的字体颜色为黑色，用户可以对颜色进行调整，选中"整理（SEIRI）"文字，单击【字体】组中的【字体颜色】按钮 ▲· 右侧的下拉按钮，在弹出的下拉列表中选择【其他颜色】选项，如图 3-96 所示。

（3）弹出【颜色】对话框，单击【自定义】选项卡，在【颜色模式】下拉列表中选择【RGB】选项，在【红色】【绿色】和【蓝色】微调框中分别输入"83""157"和"244"，然后单击 确定 按钮，如图 3-97 所示，选中其他文字，单击【字体】组中的【字体颜色】按钮 ▲· 右侧的下拉按钮，在弹出的下拉列表中选择【黑色，文字 1，淡色 35%】。

（4）选中图片与文字，单击【绘图工具】下的【格式】选项卡，在【排列】组中单击【组合】按钮 回·，在弹出的下拉列表中选择【组合】选项，如图 3-98 所示。

图 3-95　插入文本并设置字体

图 3-96　设置文字颜色

图 3-97　设置【颜色】对话框

图 3-98　组合图片与文字

（5）按照同样的方法将其余 5 个图片插入到 Word 中，并输入对应的内容，效果如图 3-99 所示。

（6）使用上面讲述的【组合】方式将"整理"与"清洁"部分组合一起，如图 3-100 所示，其余部分类同。

图 3-99　插入其余图片与文字

图 3-100　组合图片与文字

1. 打开【习题】文件夹中的表格文件："练习题/原始文件/03/【十月酒水销售业绩表 】"，并按以下要求进行设置。

（1）将文档中的文本转化成表格，手动调整表格列宽至合适的大小，选中含有数据"21"-"40"的列，将其移动至"顺序"列下。

（2）设置表格单元格文字为"水平居中对齐"，将标题字体设置为【华文新魏】【二号】【居中】。在表格右上方插入日期文本"10 月　日　星期（　）"。

（3）使整个表格【居中】，为页面设置纹理填充效果为【羊皮纸】。

（4）将页边距设置为【窄】，设置页面大小：【宽度】为"16.9 厘米"，【高度】为"18 厘米"。添加页面边框为【1.5 磅】【橙色】【双实线】。

（最终效果见："练习题/最终效果/03/【十月酒水销售业绩表】"）

2．打开【习题】文件夹中的表格文件："练习题/原始文件/06/【酒水销售提成流程图】"，并按以下要求进行设置。

（1）将文档中的 4 个矩形大小设置为：【高度】"1.4 厘米"、【宽度】"11.9 厘米"，水平位置设置为：【绝对位置】"1.6 厘米"、【右侧】"栏"。

（2）在 4 个矩形的上方和下方各插入一个大小相同的图形——【流程图：终止】，并分别添加文字"开始""结束"，字体设置为【宋体】【小四】，形状颜色填充为【绿色】，设置棱台效果为【圆】。

（3）将标题文本设置为【华文新魏】【二号】【居中】，将流程框内的文字设置为【宋体】【四号】。

（4）将 4 个矩形颜色填充为【浅绿】，绘制 5 个同样大小的【下箭头】，将流程图链接起来，设置箭头样式为【浅色 1 轮廓，彩色填充 - 橙色，强调颜色 6】。

（最终效果见："练习题/最终效果/03/【酒水销售提成流程图】"）

第4章

Excel 表格编辑、公式计算与保护

Excel 2016 具有强大的电子表格制作与数据处理功能，它能够快速地计算和分析数据信息，提高工作效率和准确率，是目前被广泛使用的办公软件之一。本章介绍如何使用 Excel 2016 对表格进行编辑、对数据进行公式运算以及对工作表进行加密保护等内容。

4.1 实例目标与解析

实例目标

本例将建立一份公司员工培训成绩统计表文档，此表可以使每个员工各项培训成绩直观且详细地展现出来，同时便于对整体培训效果进行评估，如图 4-1 所示。

图 4-1 员工培训成绩统计表最终效果

实例解析

本例在制作之前，可以从以下几个方面进行分析和资料准备。

（1）确定公司员工培训成绩统计表的内容。公司员工培训成绩统计表中应该包含统计员工的姓名、代号、培训科目、平均成绩、总成绩、名次等情况。

（2）制作销售统计表。制作销售统计表的过程简单，先设计一个表头，再输入各个项目，输入数据，最后对表格进行设计美化即可。

（3）在表格中输入数据。本例中的数据输入主要涉及两种方式。一种是直接在单元格中输入；另一种是快速填充输入，其通常是输入有序的数据。

操作过程

结合上述分析，本例的制作思路如图 4-2 所示，涉及的知识点包括新建和保存工作簿、重命名和删除工作表、在工作表中输入数据、数据填充、利用函数进行各种计算、编辑工作表、设计和美化工作表、冻结窗口等内容。

① 新建工作簿并重命名　　　　　　　　　　② 输入数据

图 4-2 制作公司员工培训成绩统计表的思路

④ 利用函数进行计算　　　　　　　　　　　　③ 编辑、美化工作表

⑤ 建立成绩查询表　　　　　　　　　　　　⑥ 查询信息

图 4-2　制作公司员工培训成绩统计表的思路（续）

下面将具体讲解本例的制作过程。

4.1.1 设计公司员工培训成绩基本表

员工培训成绩主要包括员工代号、姓名、培训科目、平均成绩、总成绩以及名次等。下面介绍如何创建员工培训成绩基本表。

本实例的原始文件和最终效果所在位置如下		
	原始文件	无
	最终效果	素材\最终效果\04\员工培训成绩统计表.xlsx

1. 建立新工作簿并重命名工作表

（1）在桌面空白处单击鼠标右键，在弹出的下拉菜单中选择【新建】▶【Microsoft Excel 工作表】菜单项，创建一个空白的工作簿"新建 Microsoft Excel 工作表"，如图 4-3 所示。

（2）打开新建工作簿，然后在工作表标签"Sheet1"上双击鼠标左键，如图 4-4 所示。

（3）此时工作表"Sheet1"处于可编辑状态，然后输入"员工培训成绩统计表"，按下【Enter】键确认，然后将工作表保存至合适的位置，并命名为"员工培训成绩统计表"。

图 4-3 新建工作簿

图 4-4 重命名工作表

2. 输入列标题和表格内容

（1）输入表格标题和列标题。在单元格 A1 中输入表格标题"员工培训成绩统计表"，然后按照图 4-5 所示输入列标题。

（2）输入姓名和培训成绩。在单元格区域"B4:G15"中输入员工姓名及其各科目的培训成绩，如图 4-6 所示。

图 4-5 输入表头和列标题

图 4-6 输入内容

（3）输入员工代号。在单元格 A3 中输入员工代号"001"，按下【Enter】键，然后选中单元格 A3，将鼠标指针移动到该单元格的右下角，当指针变为"+"形状时，按住并向下拖动到单元格 A15，如图 4-7 所示。

（4）释放鼠标即可自动填充上数据，此时单元格左上角会出现绿色的小三角"▼"，这是由于单元格中的数字为文本格式，或者前面有撇号。选中单元格区域"A3:A15"，此时单元格 A3 的旁边会出现【智能标记】按钮 ⓘ，然后在弹出的下拉列表中选择【忽略错误】选项，如图 4-8 所示。

图 4-7 输入员工代号

图 4-8 忽略错误

3. 合并单元格

（1）选中单元格区域"A1:J1"，单击【开始】选项卡，然后单击【单元格】组中的 格式▾ 按钮，在下拉列表中选择【设置单元格格式】选项，如图4-9所示。

（2）弹出【设置单元格格式】对话框，单击【对齐】选项卡，分别在【水平对齐】和【垂直对齐】的下拉列表中选择【居中】选项，然后选中【合并单元格】复选框，其他选项保持默认设置，如图4-10所示。

图4-9　选择【设置单元格格式】　　　　　　　图4-10　设置单元格格式

（3）单击 确定 按钮返回工作表，设置的效果如图4-11所示。

图4-11　单元格格式设置效果

（4）选中单元格区域"A2:J15"，在表格中单击鼠标右键，在弹出的快捷菜单中选择【设置单元格格式】，如图4-12所示，弹出【设置单元格格式】对话框，单击【对齐】选项卡，分别在【水平对齐】和【垂直对齐】的下拉列表中选择【居中】选项，单击 确定 按钮返回工作表，设置的效果如图4-13所示。

4. 设置边框和背景色

为了使表格更加清晰美观，用户可以为其添加表格边框和背景色。具体的操作步骤如下。

（1）添加边框。选中单元格区域"A1:J15"，单击【开始】选项卡，然后单击【单元格】组中的 格式▾ 按钮，在下拉列表中选择【设置单元格格式】选项。弹出【设置单元格格式】对话框，单击【边框】选项卡，根据【线条】组合框中提供的样式进行设置，如图4-14所示。

（2）单击 确定 按钮返回工作表，设置的效果如图4-15所示。

图 4-12 选择【设置单元格格式】

图 4-13 字体居中对齐

图 4-14 设置表格边框

图 4-15 边框设置效果

（3）设置单元格背景色。选中单元格区域"A1:J1"，单击【开始】选项卡，在【字体】组中单击【填充颜色】按钮，在弹出的下拉列表中选择【其他颜色】，弹出【颜色】对话框，单击【自定义】选项卡，在【颜色模式】中选择【RGB】，在【红色】【绿色】【蓝色】中分别输入"163""145""125"，如图 4-16 所示，然后单击 确定 按钮返回工作表即可。

（4）选中单元格区域"A2:J2"，将其颜色 RGB 分别设置为"170""155""136"，其余表格用白色与茶色（RGB 分别为"229""226""223"）交叉设置，显示的效果如图 4-17 所示。

图 4-16 设置填充颜色

图 4-17 填充颜色设置效果

5. 设置字体

（1）选中单元格区域"A1:J1"，单击【开始】选项卡，在【字体】组中的【字体】下拉列表中选择【微软雅黑】选项，在【字号】下拉列表中选择【14】选项，单击【字体颜色】按钮![A]右侧的下拉按钮，在弹出的下拉列表中选择【白色】选项，如图4-18所示。

（2）按照相同的方法将单元格区域"A2:J2"中的字体设置为【黑体】，颜色设置为【白色】，字号设置为【10】，将单元格区域"A3:J15"中的字体设置为【方正宋三简体】，字号为【9】，颜色设置为【褐色】（RGB分别为"89""74""58"），对表格的行高和列宽进行设置，设置完毕将网格线删除，如图4-19所示。

图 4-18　设置字体格式

图 4-19　字体格式设置效果

6. 冻结行和列

当表格中含有多条记录且不便于查看时，可以使用冻结窗格的功能，即将某一行或者某一列固定，然后滚动查看其他内容。

（1）冻结行。选中单元格 A3，切换到【视图】选项卡，单击【窗口】组中的![冻结窗格]按钮，在下拉列表中选择【冻结拆分窗格】选项，如图4-20所示。

（2）拖动垂直滚动条即可发现表格的前2行已被冻结，此时可以滚动查看第2行以后的内容，如图4-21所示。

图 4-20　冻结窗格

图 4-21　滚动查看冻结窗格

（3）再次单击【窗口】组中的![冻结窗格]按钮，在下拉列表中选择【取消冻结窗格】菜单项，即可取消冻结窗格，如图4-22所示。

（4）冻结行和列。选中单元格 C3，然后单击【窗口】组中的![冻结窗格]按钮，在下拉列表中选择【冻结拆分窗口】选项，这样表格的前2行和前2列都被冻结了，拖动水平和垂直滚动条即可查看其余行列的内容，如图4-23所示。

图 4-22　取消冻结窗格　　　　　　　图 4-23　冻结行和列

7. 保存工作簿

为了便于日后使用该表格，可以将该工作簿另存为模板形式。

（1）单击【文件】选项卡，在弹出的窗口中选择【另存为】按钮，在右侧版面中单击　浏览　按钮，弹出【另存为】对话框，在【文件名】下拉列表文本框中输入"员工培训成绩统计表"，在【保存类型】下拉列表中选择【Excel 模板】选项，单击　保存(S)　按钮，如图 4-24 所示。

（2）此时工作簿名称变为"员工培训成绩统计表.xltx"，如图 4-25 所示。

图 4-24　保存工作簿　　　　　　　　图 4-25　保存后的工作簿

4.1.2　计算公司员工培训成绩统计表

员工的培训成绩涉及员工的平均成绩、总成绩以及名次等信息，这就需要使用 Excel 中的公式和函数功能进行计算。

公式是对函数进行分析与计算的等式。在工作表中插入公式后，如果数据有所更新，那么公式会自动更新显示结果。

函数是公式的概括，用于单元格区域的运算。Excel 2016 中包含 9 种函数：财务、日期与时间、数学与三角函数、统计、查找与引用、数据库、文本、逻辑以及信息函数。在表格中输入函数的方法有多种，可以手工输入，也可以使用函数向导输入。

本小节在计算公司员工培训成绩统计表时，使用了 AVERAGE、SUM 和 RANK 等函数。

本实例的原始文件和最终效果所在位置如下	
原始文件	素材\原始文件\04\员工培训成绩统计表 1.xlsx
最终效果	素材\最终效果\04\员工培训成绩统计表 1.xlsx

1. 公式常识

● 公式组成结构

公式是由等号、常量、单元格引用以及运算符等元素组成的，其中，等号是必不可少的，图 4-26 所示的表达式就是一个简单的公式实例。

图 4-26　输入公式

公式须以"="开头，否则 Excel 会将其识别为文本。

● 单元格引用

单元格引用在公式应用中是非常重要的，根据引用方式的不同可以分为 3 类：相对引用、绝对引用以及混合引用。

相对引用是直接输入单元格的位置名称，例如 A2；绝对引用是在引用单元格的同时添加"$"符号，表示引用的位置是绝对的，例如$A$1；混合引用是指相对引用与绝对引用混合使用，例如，$A1 或 A$1。

在公式中还可以引用其他工作表的单元格区域，只要在引用过程中添加工作表标签名称即可。例如，希望在工作表 Sheet1 中引用工作表 Sheet2 中的单元格区域"A2:B5"，则可输入公式"=SUM(Sheet2! A2:B5)"，然后按下【Enter】键确认即可。

2. 计算员工总成绩和平均成绩

● 计算员工总成绩

计算员工总成绩的具体步骤如下。

（1）打开本实例的原始文件，选中单元格 I3，将光标定位在编辑栏中，然后输入公式"=SUM（C3:G3）"，如图 4-27 所示。

图 4-27　输入公式

（2）输入完毕按下【Enter】键，即可求出计算结果，并且光标会自动定位到下面的单元格 I4 中，如图 4-28 所示。

图 4-28　计算总成绩

　　虽然用户单击【输入】按钮✓和按【Enter】键的效果相同，但前者不会改变活动单元格，而后者则会自动地将下一个单元格激活为活动单元格。用户可以通过【选项】对话框设置"下一个"激活单元格的方向，具体为：单击 文件 按钮，在弹出的下拉菜单中选择【选项】菜单项，弹出【Excel 选项】对话框，单击【高级】选项卡，选中【按 Enter 键后移动所选内容】复选框，然后在下面的【方向】下拉列表中选择合适的选项即可，如图 4-29 所示。

图 4-29　设置下一个激活单元格方向

　　（3）选中单元格 I3，将光标移动到该单元格的右下角，当鼠标指针变为"+"形状时，按住向下拖至单元格 I15，然后释放即可，如图 4-30 所示。

图4-30　填充总成绩

● 计算平均成绩

（1）选中单元格 H3，输入公式"=AVERAGE(C3:G3)，然后按下【Enter】键，在单元格中就会显示计算结果，如图4-31所示。

（2）利用自动填充功能将单元格 H3 中的公式复制到该列的其他单元格中，此时的工作表如图4-32所示。

图4-31　计算平均成绩

图4-32　填充平均成绩

3. 为员工培训成绩排名次

接下来要做的就是为员工培训成绩排名次，这里需要用到 RANK 函数，下面先了解一下该函数的相关知识。

RANK 函数的格式为：RANK（number,ref,order）

RANK 函数的功能是返回某数字在一列数字中相对于其他数值的大小排位。其中，number 为需要找到排序的数字；ref 为数字列表数组或对数字列表的引用；order 为数字，指明排位的方式。如果 order 为0 或者省略，Excel 对数字的排位则是基于 ref 按照降序排列的列表；如果 order 不为0，Excel 对数字的排位则是基于 ref 按照升序排列的列表。

利用 RANK 函数对员工成绩排名的具体步骤如下。

（1）选中单元格 J3，输入公式"=RANK(I3,$I$3,$I$15)"，输入完毕单击编辑栏左侧的【输入】按钮✓确认输入，如图4-33所示。

（2）利用自动填充功能将单元格 J3 中的公式复制到该列的其他单元格即可，如图4-34所示。

图 4-33 计算名次

图 4-34 填充名次

需要注意的是，函数 RANK 对重复数的排位相同，单重复数的排位会影响后续数值的排位。例如，在总成绩列中 423 和 400 都出现了两次，其排位分别为 6 和 11，因此"总成绩"排位中没有第 7 名和第 12 名，接下来的排名为第 8 名和第 13 名。

4.1.3 查询员工培训成绩

员工培训成绩统计表已创建完成，接下来建立员工成绩培训查询界面，便于今后查看员工的培训成绩。

本实例的原始文件和最终效果所在位置如下	
原始文件	素材\原始文件\04\员工培训成绩统计表 2.xlsx
最终效果	素材\最终效果\04\员工培训成绩统计表 2.xlsx

1. 创建查询员工培训成绩表

（1）打开本实例的原始文件，新建一个工作表，并重命名为"查询员工培训成绩"，如图 4-35 所示。

（2）选中单元格 C1，单击【开始】选项卡，然后单击【字体】栏目中的【填充颜色】按钮 ▲ ▪ 右侧的下拉按钮 ▼，在弹出的下拉列表中选择已经使用过的【褐色】选项，接着在单元格 C1 中输入"员工培训成绩查询表"，将字体设置为【微软雅黑】，字号设置为【14】，字体设置为【白色】，然后选中 C 列至 E 列，将列宽设置为【16】，并将单元格区域"C1:E1"合并为一个单元格，如图 4-36 所示。

图4-35　选中工作表　　　　　　　　　　　图4-36　输入并编辑表头

（3）在工作表中输入查询项目，并对表格内容的字体格式、对齐方式、背景颜色以及边框等进行设置（字体为【方正宋三简体】，字号为【9】号，颜色为【褐色】，内容的填充颜色分别为：茶色RGB为"229""226""223"，浅黄RGB为"255""248""223"，茶色与白色交叉），效果如图4-37所示。

图4-37　建立成绩查询表

2. 插入行并移动查询项目

（1）在第4行之前插入一行。将光标定位在第4行中的任意一个单元格中，单击【开始】选项卡，然后单击【单元格】组中的 插入 按钮右侧的下拉按钮，在弹出的下拉列表中选择【插入工作表行】选项，如图4-38所示。

（2）将光标移至第4行行号上，当鼠标变为" ➡ "形状时单击选中该行，然后单击【开始】选项卡，再单击【字体】组中的【边框】按钮 田 右侧的下拉按钮，在弹出的下拉列表中选择【无框线】选项，如图4-39所示。

图4-38　插入工作表行　　　　　　　　　　图4-39　设置表格边框

（3）将第 4 行的填充颜色设置为白色，然后将表格边框设置成图 4-40 所示的效果。

图 4-40　设置效果

3. 用公式或函数查询成绩

在生成员工培训成绩查询表时，会用到 IF 函数、AND 函数以及 VLOOKUP 函数，下面介绍这些函数的语法及功能。

● IF 函数

语法格式：

`IF（logical_test,value_if_true,value_if_false）`

IF 函数的功能是根据逻辑计算的真假值进行判断，返回不同的计算结果。

Logical_test 表示计算结果为 TRUE 或 FALSE 的任意值或表达式。value_if_true 是 logical_test 为 TRUE 时返回的值；value_if_false 是 logical_test 为 FALSE 时返回的值。

需要说明的是，函数 IF 可以嵌套 7 层，用 value_if_true 以及 value_if_false 参数可以构造复杂的检测条件。在计算参数 value_if_true 和 value_if_false 后，函数 IF 返回相应语句执行后的返回值。如果函数 IF 的参数包含数组，则在执行 IF 语句时，数组中的每一个元素都将被计算。

● AND 函数

语法格式：

`AND(logical1,logical2,...)`

AND 函数的功能是当所有参数的逻辑值为真时，返回 TRUE；只要有一个参数的逻辑值为假，则返回 FALSE。

logical1,logical2,...表示待检测的 1 到 30 个条件值，各条件值可为 TRUE 或 FALSE。

需要说明的是，在 AND 函数中，参数必须是逻辑值 TRUE 或 FALSE，或者是包含逻辑值的数组或引用。如果数组或者引用参数中包含文本或空白单元格，这些值将被忽略；如果指定的单元格区域内包括非逻辑值，AND 函数将返回错误值"#VALUE!"。

● VLOOKUP 函数

语法格式：

`VLOOKUP(lookup_value,table_array,col_index_num,range_lookup)`

VLOOKUP 函数的功能是在表格或者数值数组的首列查找指定的数值，并由此返回表格或者数组当前行中指定列处的数值。当比较值位于数据表首列时，可以使用函数 VLOOKUP 代替函数 HLOOKUP。

lookup_value 为需要在数组第 1 列中查找的数值，可以为数值、引用或者文本字符串；table_array 为需要在其中查找数据的数据表，可以使用对区域或区域名称的引用，例如数据库或列表；col_index_num 为 table_array 中待返回的匹配值的列序号；range_lookup 为一逻辑值，指明函数 VLOOKUP 在返回时是精确匹配还是近似匹配。

需要说明的是，如果函数 VLOOKUP 找不到 lookup_value，且 range_lookup 为 TRUE，则使用小于等于 lookup_value 的最大值；如果 lookup_value 小于 table_array 第1列中的最小数值，函数 VLOOKUP 则返回错误值#N/A；如果函数 VLOOKUP 找不到 lookup_value 且 range_lookup 为 FALSE，函数 VLOOKUP 则返回错误值#N/A。了解了相关的函数之后，下面以查询员工代号为"001"的"法律教育"成绩为例，介绍设置查询成绩的方法。具体的操作步骤如下。

（1）在单元格 E3 中输入"001"（输入时必须加上英文的"'"符号），然后选中单元格 E5，输入以下公式，输入完毕按【Enter】键确认，显示的结果如图4-41所示。

```
=IF(AND($E$2="",$E$3=""),"",IF(AND(NOT($E$2=""),$E$3=""),VLOOKUP($E$2,员工培训成绩统计表!$B$3:$J$15,2),IF(NOT($E$3=""),VLOOKUP($E$3,员工培训成绩统计表!$A$3:$J$15,3))))
```

（2）在单元格区域"E5:E12"中分别输入以下公式。输入完毕按【Enter】键确认，此时会显示员工代号为"001"的所有培训科目成绩、"平均成绩""总成绩"以及"名次"等信息，如图4-42所示。

图4-41 输入数据进行查询

图4-42 输入员工代号进行查询

```
E5: =IF(AND($E$2="",$E$3=""),"",IF(AND(NOT($E$2=""),$E$3=""),VLOOKUP($E$2,员工培训成绩统计表!$B$3:$J$15,2),IF(NOT($E$3=""),VLOOKUP($E$3,员工培训成绩统计表!$A$3:$J$15,3))))

E6: =IF(AND($E$2="",$E$3=""),"",IF(AND(NOT($E$2=""),$E$3=""),VLOOKUP($E$2,员工培训成绩统计表!$B$3:$J$15,3),IF(NOT($E$3=""),VLOOKUP($E$3,员工培训成绩统计表!$A$3:$J$15,4))))

E7: =IF(AND($E$2="",$E$3=""),"",IF(AND(NOT($E$2=""),$E$3=""),VLOOKUP($E$2,员工培训成绩统计表!$B$3:$J$15,4),IF(NOT($E$3=""),VLOOKUP($E$3,员工培训成绩统计表!$A$3:$J$15,5))))

E8: =IF(AND($E$2="",$E$3=""),"",IF(AND(NOT($E$2=""),$E$3=""),VLOOKUP($E$2,员工培训成绩统计表!$B$3:$J$15,5),IF(NOT($E$3=""),VLOOKUP($E$3,员工培训成绩统计表!$A$3:$J$15,6))))

E9: =IF(AND($E$2="",$E$3=""),"",IF(AND(NOT($E$2=""),$E$3=""),VLOOKUP($E$2,员工培训成绩统计表!$B$3:$J$15,6),IF(NOT($E$3=""),VLOOKUP($E$3,员工培训成绩统计表!$A$3:$J$15,7))))

E10: =IF(AND($E$2="",$E$3=""),"",IF(AND(NOT($E$2=""),$E$3=""),VLOOKUP($E$2,员工培训成绩统计表!$B$3:$J$15,7),IF(NOT($E$3=""),VLOOKUP($E$3,员工培训成绩统计表!$A$3:$J$15,8))))

E11: =IF(AND($E$2="",$E$3=""),"",IF(AND(NOT($E$2=""),$E$3=""),VLOOKUP($E$2,员工培训成绩统计表!$B$3:$J$15,8),IF(NOT($E$3=""),VLOOKUP($E$3,员工培训成绩统计表!$A$3:$J$15,9))))

E12: =IF(AND($E$2="",$E$3=""),"",IF(AND(NOT($E$2=""),$E$3=""),VLOOKUP($E$2,员工培训成绩统计表!$B$3:$J$15,9),IF(NOT($E$3=""),VLOOKUP($E$3,员工培训成绩统计表!$A$3:$J$15,10))))
```

（3）用户也可以通过输入"员工姓名"进行数据的查询。将单元格 E3 中的数据删除，然后在单元格 E2 中输入员工姓名"张鸿运"，按【Enter】键即可看到单元格区域"E6:E13"中显示姓名为"张鸿运"的各项数据信息，如图 4-43 所示。

（4）如果在单元格 E2 或者 E3 中输入的数据不在员工培训成绩统计表中，例如，在单元格 E3 中输入"17"，按【Enter】键后则会出现错误值"#N/A"，如图 4-44 所示。

图 4-43　输入员工姓名进行查询

图 4-44　输入错误值

4.2　制作员工档案信息表

实例目标

在公司人事管理中，员工的录取、职务的调动以及离职等信息都需要人事部门记录归档，并对档案进行妥善保管，以便需要时能迅速查阅任意一份归档文件。由于员工的档案资料具有一定的时效性，因而使用 Excel 2016 制作一张电子员工档案表，将员工的基本信息输入到员工档案表中，能够更大地提高行政办公的效率。本例制作的员工档案信息表的最终效果如图 4-45 所示。

图 4-45　员工档案信息表最终效果

实例解析

本例在制作之前，可以从以下几个方面进行分析和资料准备。

（1）确定公司员工档案信息表的内容。公司员工档案信息表中应该包含统计员工的姓名、性别、出生日期、身份证号、参加工作时间、担任职务、练习电话等情况。

（2）制作员工档案信息表。制作员工档案信息表的过程非常简单，先设计一个表头，再输入各个项目及数据，最后对表格进行设计美化即可。

（3）在表格中输入数据。将整理好的数据输入到表格中，可以使用前面讲过的数据填充的方法进行输入。

操作过程

结合上述分析，本例的制作思路如图 4-46 所示，涉及的知识点包括为单元格添加背景图片、利用函数进行计算、使用下拉列表输入信息、在多个单元格中同时输入信息、使用记录单、为工作表照相、添加页眉和页脚等内容。

① 新建并保存工作表

② 输入员工档案信息

④ 利用函数计算员工性别和出生日期

③ 编辑和美化工作表

⑤ 利用下拉列表输入员工学历信息

⑥ 插入页眉和页脚

图 4-46 制作员工档案信息表的思路

下面将具体讲解本例的制作过程。

4.2.1 创建员工档案信息表

员工的档案内容主要包括员工的姓名、性别、出生日期、身份证号、学历、参加工作时间、担任职务以及联系电话等。

本实例的原始文件和最终效果所在位置如下		
	原始文件	无
	最终效果	素材\最终效果\04\员工档案信息表.xlsx

在对员工档案信息进行管理之前，首先需要创建一份基本信息表。

（1）启动 Excel 2016，创建一个新的空白工作簿，然后单击【文件】选项卡，在弹出的窗口中选择【另存为】按钮 另存为 ，弹出【另存为】界面，在此界面中单击 浏览 按钮，弹出【另存为】对话框，在【保存位置】下拉列表中找到存放文件的位置，在【文件名】下拉列表文本框中输入"员工档案信息表"，单击 保存(S) 按钮，如图 4-47 所示。

图 4-47 新建并保存工作簿

（2）此时标题栏中的名称已经发生了变化。接下来输入员工档案信息，首先在单元格 A1 中输入表格标题"员工档案信息"，然后在第 2 行中分别输入列标题项目，如图 4-48 所示。

图 4-48 输入表格标题与列标题

（3）选中单元格区域"A1:H1"，单击【开始】选项卡，然后单击【对齐方式】组中的【合并后居中】按钮 ，在弹出的下拉列表中选择【合并后居中】选项，使表格标题居中，然后在表格中输入员工的"姓名""身份证号""参加工作"以及"联系电话"等信息。选中单元格区域"A2:H13"，单击【开始】选项卡，然后单击【单元格】组中的 格式 按钮，在弹出的下拉列表中选择【自动调整列宽】选项，如图 4-49 所示。

（4）系统会自动调整列宽，然后单击【对齐方式】组中的【居中】按钮 ，使表格内容居中对齐，如图 4-50 所示。

图 4-49　自动调整列宽

图 4-50　调整后效果

4.2.2　美化员工档案信息表

员工档案信息表的基本轮廓创建完毕，为了使其外观更加美观、清晰，需要对其进行美化设置。

本实例的原始文件和最终效果所在位置如下	
素材文件	素材\素材文件\04\001.jpg
原始文件	素材\原始文件\04\员工档案信息表 1.xlsx
最终效果	素材\最终效果\04\员工档案信息表 1.xlsx

可以从以下几个方面对表格进行格式化操作。

1.　设置字体格式

（1）打开本实例对应的原始文件，选中单元格 A1，单击【开始】选项卡，在【字体】组中的【字体】下拉列表中选择【微软雅黑】选项，在【字号】下拉列表中选择【12】选项。

（2）选中单元格区域"A2:H2"，将字体设置为【黑体】，字号设置为【11】。再选中单元格区域"A3:H12"，将字体设置为【等线】，字号设置为【9】，如图 4-51 所示。

2.　设置单元格填充颜色

（1）选中单元格 A1，单击【开始】选项卡，在【字体】组中单击填充颜色，填充颜色设置为【绿色】，如图 4-52 所示，用户也可以自行对颜色进行设置。

（2）选中单元格区域"A2:H2"，填充颜色设置为【红色】（RGB 为"253""163""145"），字体颜色为【白色】。再选中单元格区域"A3:H12"，填充颜色设置为茶色（RGB 为"242""239""236"）与白色交叉，并对表格中的行高进行相应设置，如图 4-53 所示。

图 4-51　设置表格字体

图 4-52　设置填充颜色

图 4-53　填充效果

3. 在单元格中插入背景图片

（1）选中单元格区域"A1:H13"，单击【字体】组中的【填充颜色】按钮 右侧的下拉按钮 ，在弹出的下拉列表中选择【无填充颜色】选项，将"A1:H2"中的文字设置为【黑色】，单击【视图】选项卡，在【显示】组中撤选【网格线】复选框，将工作表中的网格线隐藏起来，然后单击【页面布局】选项卡，再单击【页面设置】组中的 背景 按钮，如图 4-54 所示。

（2）弹出【工作表背景】对话框，在【查找范围】下拉列表中找到存放图片的位置，在下面的列表框中选择一幅合适的图片，这里选择【001.jpg】选项，单击 插入(S) 按钮，如图 4-55 所示。

图 4-54　设置【无填充颜色】和隐藏网格线　　　　图 4-55　插入工作表背景

（3）在整个工作表中显示出插入的工作表背景，如图 4-56 所示。

4．设置表格边框

（1）选中单元格区域"A2:H2"，单击鼠标右键，在弹出的菜单中选择【设置单元格格式】菜单项，弹出【设置单元格格式】对话框，单击【边框】选项卡，按照【边框】组合框中的效果对表格边框进行设置，如图 4-57 所示。

图 4-56　表格背景设置效果　　　　　　　　　　图 4-57　设置表格边框 1

（2）单击 确定 按钮返回工作表，然后选中单元格区域"A3:H12"，按下【Ctrl】+【1】组合键，弹出【设置单元格格式】对话框，单击【边框】选项卡，然后按照【边框】组合框中的效果对表格边框进行设置，如图 4-58 所示。

（3）单击 确定 按钮返回工作表，即可看到设置的边框效果，如图 4-59 所示。

图 4-58　设置表格边框 2

图 4-59　边框设置效果

5. 为员工档案信息表拍照

用户可以为创建好的表格拍照，当表格中的内容发生改变时，照片上的内容也会随着发生变化，使用它可以实时预览工作表的内容。

在进行拍照之前，首先需将【照相机】按钮 添加到快速访问工具栏中。具体的操作步骤如下。

（1）单击 文件 按钮，在弹出的下拉菜单中选择【选项】按钮，弹出【Excel 选项】对话框，单击【快速访问工具栏】选项卡，在【从下列位置选择命令】下拉列表中选择【不在功能区中的命令】选项，如图 4-60 所示。

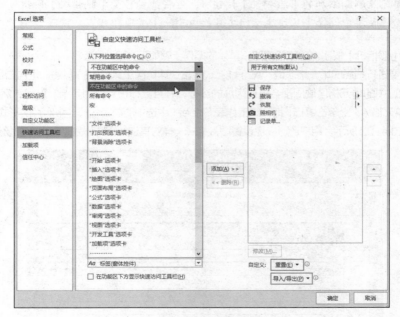

图 4-60　选择【不在功能区中的命令】

（2）在下方的列表框中选择【照相机】选项，单击 添加(A) 按钮，即可将【照相机】按钮 添加到快速访问工具栏中，如图 4-61 所示。

图 4-61 添加【照相机】命令

 提示

如何删除快速访问工具栏中的按钮？

例如，要删除刚刚添加的【照相机】按钮，可将鼠标移至【照相机】按钮上，单击鼠标右键，在弹出的菜单中选择【从快速访问工具栏中删除】选项即可。

接下来使用【照相机】按钮为表格拍照，具体的操作步骤如下。

（1）选中需要进行拍照的单元格区域"A2:H12"，单击快速访问工具栏中的【照相机】按钮。

（2）此时被选中的单元格区域周围会出现闪烁的边框，并且鼠标指针变为"十"形状，然后切换到工作表 Sheet2 中，在单元格 A1 上单击鼠标，即可将工作表 Sheet1 中选中的内容拍成一张照片的形式，并且周围出现 8 个控制点，如图 4-62 所示。用户还可以像设置图片格式一样对其进行格式设置，在此不再赘述。

图 4-62 拍照效果

（3）切换到工作表 Sheet1 中，删除单元格区域"A2:H2"中的内容，如图 4-63 所示，然后切换到工作表 Sheet2 中，即可发现照片上的表格标题也被删除了，如图 4-64 所示。

图 4-63　在原表中删除 1 行

图 4-64　删除行后的照片效果

4.2.3 ｜ 对员工档案信息表进行编辑

对于员工档案信息表中的某些信息，可以使用 Excel 中的特定功能进行编辑，例如，提取员工的出生日期、判断性别、从下拉列表中选择学历、使用记录单追加员工档案信息等。

本实例的原始文件和最终效果所在位置如下	
原始文件	素材\原始文件\04\员工档案信息表 2.xlsx
最终效果	素材\最终效果\04\员工档案信息表 2.xlsx

1. 相关函数简介

使用 Excel 提供的提取字符串函数，能够使人事管理人员快速准确地提取员工身份证号码的出生日期。本小节中主要用到的函数有 CONCATENATE、MID、MOD 以及 LEN。下面介绍这几个函数的相关知识。

● CONCATENATE 函数

语法格式：

```
CONCATENATE(text1,text2,...)
```

该函数的功能是将多个文本字符串合并为一个文本字符串。

text1,text2,...表示 1 到 30 个将要合并成单个文本项的文本项，这些文本项可以是文本字符串、数字或对单个单元格的引用。

需要说明的是，也可以用"&"运算符代替函数 CONCATENATE 实现文本项的合并。

● MID 函数

语法格式：

```
MID(text,start_num,num_chars)
```

该函数的功能是返回文本字符串中从指定位置开始的指定长度的字符，该长度由用户指定。

text 是指包含要提取字符的文本字符串，start_num 是指文本中要提取的第 1 个字符的位置，num_chars 是指希望从文本中返回字符的个数。

需要说明的是，如果 start_num 大于 text，则返回空文本（""）；如果 start_num 小于 text，但 start_num 加上 num_chars 超过了 text，则只返回至多直到文本末尾的字符；如果 start_num 小于 1，则返回错误值 #VALUE!；如果 num_chars 是负数，则返回错误值 #VALUE!。

● MOD 函数

语法格式：

```
MOD(number,divisor)
```

该函数的功能是返回两数相除所得的余数，计算结果的正负号与除数相同。

number 为被除数，divisor 为除数。

需要说明的是，如果 divisor 为 0，则返回错误值#DIV/0!。可以用 INT 函数来代替 MOD 函数：MOD(n,d)=n-d*INT(n/d)。

● LEN 函数

语法格式：

```
LEN(text)
```

该函数的功能是返回文本字符串中的字符个数。其中，参数 text 是指需要查找其长度的文本，当 text 为空格时，则将其作为字符进行计数。

2. 提取出生日期

提示

中国公民的身份证已由原来的 15 位升级为 18 位。15 位身份证号码的编排规则为：第 1~6 位为省份地区信息码，第 7~12 位为出生日期码，第 13~15 位为顺序码。18 位身份证号码的编排规则为：第 1~6 位为省份地区信息码，第 7~14 位为出生日期码，第 15~17 位为顺序码，第 18 位为校验码。需要说明的是，书中表格中的信息是虚构的，如有雷同，纯属巧合。

本实例以 18 位编码的身份证为例。提取员工出生日期的具体步骤如下。

（1）打开本实例的原始文件，在单元格 C3 中输入以下公式。

```
=CONCATENATE(MID(D3,7,4),"-",MID(D3,11,2),"-",MID(D3,13,2))
```

或

```
=MID(D4,7,4)&"-"&MID(D4,11,2)&"-"&MID(D4,13,2)
```

（2）输入完毕后，单击编辑栏中的【输入】按钮✓确认输入，然后使用自动填充功能将此公式复制到单元格 C12 中，并调整 C 列的列宽，使其内容完全显示，如图 4-65 所示。

图 4-65 提取员工生日

3. 判断员工性别

本实例以 18 位编码的身份证为例。判断员工的性别是根据顺序码的最后一位（身份证的第 17 位）进行判断，这样可以有效地防止人事部门的工作人员误输入员工的性别信息。

（1）在单元格 B3 中输入以下公式，输入完毕后，单击编辑栏中的【输入】按钮✓确认输入。

```
=IF(MOD(RIGHT(LEFT(D3,17)),2),"男","女")
```

（2）使用自动填充功能将此公式复制到单元格 B12 中，如图 4-66 所示。

图 4-66　填充员工性别

4．下拉列表中选择学历

在员工档案信息表中，员工的学历分为初中、高中、大专、本科以及研究生等，因此可以使用 Excel 2016 提供的下拉列表功能来输入。

（1）在单元格 E3、E4、E5、E6 和 E7 中分别输入"初中""高中""大专""本科"和"研究生"，如图 4-67 所示。

（2）选中单元格 E8，然后单击鼠标右键，在弹出的快捷菜单中选择【从下拉列表中选择】菜单项，如图 4-68 所示。

图 4-67　输入员工学历　　　　　　　　　图 4-68　【从下拉列表中选择】

（3）此时在单元格 E8 的下方会出现一个下拉列表，从中选择相应的数据内容即可，如图 4-69 所示。

（4）使用同样的方法可在 E 列的其他单元格中输入员工的学历。

5．多个单元格中同时输入担任职务

当用户在多个不相邻的单元格中输入相同的内容时，通常都是一个一个输入，实际上也可以通过快捷方式实现。

（1）选中单元格 G3、G4 和 G5，然后输入"员工"，如图 4-70 所示。

（2）输入完毕后按【Ctrl】+【Enter】组合键，即可将"员工"文字同时输入到单元格 G3、G4 和 G5 中，如图 4-71 所示。

图 4-69 从下拉列表中选择相应内容

图 4-70 在单元格中输入信息

图 4-71 同时输入信息

（3）使用同样的方法可在其他单元格中输入所担任的职务信息。

6. 用记录单管理档案信息

当公司的人员发生变动时，办公人员需要及时地对员工的档案信息进行更新。使用 Excel 2016 提供的记录单功能可以随时增加、删除或者查询某一员工的档案信息，这样可以为办公人员省去许多繁琐的操作步骤。

● 追加档案信息

对于公司新进的员工，人事部门的工作人员需要在档案信息表中进行记录。除了前面介绍的手动输入档案信息的方法外，还可以使用"记录单"功能增加员工的档案信息。

（1）按照 4.2.2 小节中所介绍的方法将【记录单】添加到快速访问工具栏中，选中工作表中数据区域的任意一个单元格，然后单击【记录单】图标 ，弹出【Sheet1】对话框，此时在对话框的左侧显示出表格的列标题以及第 1 条员工的档案信息，如图 4-72 所示。拖动滚动条即可查看其他员工的档案信息，然后单击 新建(W) 按钮。

（2）系统会自动创建一空白的数据记录，并且在 新建(W) 按钮的上方显示出"新建记录"字样，如图 4-73 所示。然后在【姓名】【身份证号】【学历】【参加工作】【担任职务】以及【联系电话】等文本框中输入员工的档案信息，如图 4-74 所示。

（3）添加完毕后，单击 关闭(L) 按钮返回工作表，即可在工作表中追加一条数据信息，然后设置单元格格式，如图 4-75 所示。

● 修改档案信息

在日常办公管理中，员工的职位调配、联系方式的更改等情况都需要行政部门对员工的档案信息进行修改，使用"记录单"功能可以快捷方便地对档案信息进行修改。

下面以员工"谢坤"的担任职务和联系方式为例介绍如何修改档案信息。

图 4-72 打开记录单

图 4-73 新建记录

图 4-74 输入"新建记录"信息

图 4-75 追加记录信息

（1）选中表格中含有数据的任意一个单元格，然后按照前面介绍的方法打开【Sheet1】对话框，单击 上一条(P) 按钮或者 下一条(N) 按钮找到员工"谢坤"的记录，如图 4-76 所示。

（2）在【担任职务】文本框中输入"主管"，如图 4-77 所示。

图 4-76 找到员工"谢坤"的记录

图 4-77 修改记录

（3）单击 关闭(L) 按钮返回工作表，即可完成员工"谢坤"档案信息的修改，如图 4-78 所示。

图 4-78　修改后的效果

● 查询档案信息

用户可以在员工档案信息表中查找符合条件的档案信息。下面以查询学历为"本科"、担任职务为"主管"的档案信息为例进行介绍。

按照前面介绍的方法打开【Sheet1】对话框，单击 条件(C) 按钮弹出空白对话框，在【学历】文本框中输入"本科"，在【担任职务】文本框中输入"主管"，如图 4-79 所示，然后单击 上一条(P) 或者 下一条(N) 按钮，此时即可查看到符合条件的档案信息，如图 4-80 所示。

图 4-79　输入要查看的信息

图 4-80　查看信息

● 删除档案信息

对于已经离职的员工，可以使用"记录单"功能迅速查找到该员工并将其删除。下面以删除员工"姜玉敏"的所有档案信息为例进行介绍。

（1）按照前面介绍的方法打开【Sheet1】对话框，拖动文本框右侧的滚动条找到员工"姜玉敏"的记录，单击 删除(D) 按钮，如图 4-81 所示。

（2）弹出【Microsoft Excel】提示对话框，单击 确定 按钮即可删除该员工的所有档案信息，如图 4-82 所示，然后在【Sheet1】对话框中单击 关闭(L) 按钮即可。

图 4-81　找到要删除的记录

图 4-82　删除记录

4.2.4 | 为员工档案表添加页眉和页脚

在日常办公中，打印输出是办公过程中最重要的内容之一，因此在打印之前需要设置一些打印项目，例如，在文档的页眉处添加文档名称和图片，在页脚处插入当前日期和页码等。

本实例的原始文件和最终效果所在位置如下	
素材文件	素材\素材文件\04\002.jpg
原始文件	素材\原始文件\04\员工档案信息表 3.xlsx
最终效果	素材\最终效果\04\员工档案信息表 3.xlsx

1. 在页眉处添加名称和图片

一般情况下，用户会在表格的页眉处添加公司名称、公司标志图和表格的标题等内容。

（1）打开本实例的原始文件，单击【插入】选项卡，然后单击【文本】组中的【页眉和页脚】按钮 。

（2）文本顶端出现可编辑的页眉，选中左侧页眉，单击【页眉和页脚元素】组中的 按钮，即可弹出【插入图片】对话框，在【查找范围】下拉列表中找到存放图片的路径，在下面的列表框中选择一幅合适的图片，这里选择【002.jpg】选项，单击 插入(S) 按钮。

（3）在【左】文本框中显示出"&[图片]"字样，然后单击【设置图片格式】按钮 ，弹出【设置图片格式】对话框，单击【大小】选项卡，在【比例】组合框中取消勾选【锁定纵横比】和【相对原始图片大小】复选框，在【大小和转角】组合框中的【高度】和【宽度】微调框中分别输入"1.1 厘米"和"1.2 厘米"，如图 4-83 所示。

（4）单击 确定 按钮返回【页眉】对话框，在【左】文本框中"&[图片]"的后面输入"神龙科技有限公司"，然后选中"神龙科技有限公司"文字，单击【开始】选项卡，然后单击字体组右下角的【对话框启动器】按钮，弹出【设置单元格格式】对话框，在【字体】列表框中选择【华文行楷】选项，在【字形】列表框中选择【倾斜】选项，在【字号】列表框中选择【11】选项，如图 4-84 所示。

（5）单击 确定 按钮，将光标定位到【右】文本框中，然后单击【页眉和页脚元素】组中的【文件名】按钮 ，即可在【右】文本框中显示出"&[文件]"字样，然后按照前面介绍的方法对字体格式进行设置，如图 4-85 所示。

图4-83 设置图片格式

图4-84 设置字体格式

员工档案信息表3.xlsx

神龙科技有限公司

员工档案信息

姓名	性别	出生日期	身份证号	学历	参加工作	担任职务	联系电话
李永明	女	1982-10-11	25****198210111401	初中	2004.5.5	员工	138****1588
姜玉敏	女	1979-12-02	31****197912021203	高中	2006.3.6	员工	132****1211
姜艳艳	女	1978-06-13	32****197806131526	大专	2009.5.12	员工	130****1897
刘兴华	男	1980-08-10	32****198008101210	本科	2002.8.8	主管	132****5589
蒋晓峰	女	1982-03-21	25****198203218762	研究生	2001.6.9	总经理	137****1021
李楠	女	1979-11-13	24****197911135689	本科	2008.5.23	副经理	139****2010
谢坤	女	1981-01-08	52****198101081580	本科	2011.4.11	主管	131****2158
赵娜娜	女	1983-05-20	24****198305201588	本科	2000.7.3	副主管	136****5552
刘晓晨	男	1986-07-19	52****198607191875	本科	2012.7.12	副主管	134****5487
樊硕	女	1985-09-15	25****198509151783	本科	2011.8.5	员工	137****2210
于玉	男	1989-04-03	37****198904032254	本科	2011/8/6	主管	131****1818

图4-85 页眉和页脚设置效果

2. 在页脚处添加时间日期和页码

（1）双击页眉，然后单击【页眉页脚工具】栏中的【设计】选项卡，单击【页眉和页脚】组中的【页脚】按钮，在下拉列表中显示出 Excel 内置的页脚样式，用户可以从中选择一种合适的样式。

（2）将光标定位在【左】列表文本框中，单击【页眉和页脚元素】组中的【当前日期】按钮，再将光标定位在【中】文本框中，单击【页眉和页脚元素】组中的【页码】按钮，选择一种合适的页码格式。设置完后的效果如图4-86所示。

（3）单击 确定 按钮返回页面，此时在页面中显示出添加的信息。如果想要查看打印效果，可以单击 文件 按钮，然后在弹出的下拉菜单中选择【打印】选项，即可看到打印的预览效果，如图4-87所示。

图 4-86 页脚设置效果

图 4-87 打印预览

4.3 员工加班月记录表

实例目标

公司因工作需要延长员工的工作时间时，应依法安排员工同等时间补休或者支付加班加点工资，这就需要行政部门对员工的加班情况进行统计，经人力资源部审核后送交财务部，由财务部统一发放加班费。下面制作一份员工加班月记录表，最终效果如图 4-88 所示。

图 4-88 员工加班月记录表最终效果

实例解析

本例在制作之前，可以从以下几个方面进行分析和资料准备。

（1）确定员工加班月记录表的内容。员工加班月记录表中应该包含员工的姓名、加班日期、加班内容、开始时间、结束时间、加班费、审核人等情况。

（2）制作员工加班月记录表。制作过程非常简单，首先设计一个表头，然后输入各个项目、数据，制作附注，利用函数计算加班费，最后对表格进行设计美化即可。

（3）在表格中输入数据。本例中的数据输入主要包括在单元格中直接输入数据和利用数据有效性进行数据输入。

操作过程

结合上述分析，本例的制作思路如图4-89所示，涉及的知识点包括设计表格框架、添加附注、使用数据有效性输入数据、利用函数进行计算等。

① 新建并编辑工作表　　　　② 输入数据

④ 利用函数计算加班费　　　　③ 添加附注

图4-89　员工加班月记录表制作思路

下面将具体讲解本例的制作过程。

4.3.1　设计加班月记录表框架

员工加班月记录表主要包括员工姓名、加班日期、加班内容、开始时间、结束时间、加班费以及审核人等。

本实例的原始文件和最终效果所在位置如下	
原始文件	无
最终效果	素材\最终效果\04\员工加班月记录表.xlsx

1. 输入基本信息

要创建"员工加班月记录表"，首先需要输入基本信息并进行格式设置。具体的操作步骤如下。

（1）新建一个空白工作簿，将其以"员工加班月记录表"为名称保存在适当的位置。将工作表"Sheet1"重命名为"员工加班月记录表"，输入表格标题和列标题并对其进行格式设置，隐藏工作表的网格线，然后选中单元格区域"A3:G13"，单击鼠标右键，在弹出的快捷菜单中选择【设置单元格格式】菜单项，如图4-90

所示。

（2）弹出【设置单元格格式】对话框，单击【对齐】选项卡，在【文本对齐方式】组合框中的【水平对齐】下拉列表中选择【居中】选项，【垂直对齐】下拉列表中选择【居中】选项，如图4-91所示。

图4-90　设置单元格格式

图4-91　设置字体

（3）单击【边框】选项卡，按照【边框】组合框中的效果设置表格边框，设置完毕后单击 确定 按钮，如图4-92所示。

（4）在表格中输入员工的加班信息，并调整第2行的行高，如图4-93所示。

图4-92　设置边框

图4-93　输入员工信息

2．使用数据有效性填充加班内容

使用数据有效性功能可以很方便地对表格中的内容进行填充或者排序，具体的操作步骤如下。

（1）选中单元格区域"C4:C12"，单击【数据】选项卡，然后单击【数据工具】组中的【数据验证】按钮，弹出【数据验证】对话框。

（2）单击【设置】选项卡，在【允许】下拉列表中选择【序列】选项，在【来源】文本框中输入"洽谈业务,培训员工,处理事务,部门会议,核对资料,制作报表"，各字段之间用英文的逗号隔开（或者 Enter 键），然后单击 确定 按钮，如图 4-94 所示。

（3）返回工作表，选中单元格 C4，单击单元格右侧的下拉符号 ，在下拉列表中选择【洽谈业务】选项。

（4）按照上述方法，将加班内容依次填充至 C12 单元格中，如图 4-95 所示。

图 4-94　设置数据有效性

图 4-95　利用数据有效性填充数据

3. 添加加班费附注

公司员工的加班内容不同，加班所获得的费用就不同，因此应在表格中添加加班费附注，以说明加班内容及加班费。

（1）选中单元格区域"A14:G16"，单击【格式】工具栏中的【合并后居中】按钮 和【左对齐】按钮 ，如图 4-96 所示。

（2）在单元格中输入"加班费附注：①洽谈业务为 30 元/小时；②培训员工为 25 元/小时；③处理事务为 20 元/小时；④部门会议为 10 元/小时；⑤核对资料和制作报表为 15 元/小时；"，然后将字体设置为【华文楷体】，字号设置为【11】，效果如图 4-97 所示。

图 4-96　设置单元格格式

图 4-97　输入附注内容并设置字体

4.3.2 | 利用函数计算加班费

在计算员工的加班费时，由于员工的加班内容不同，所获得的加班费也就不同。

在"员工加班月记录表"中，根据员工的加班内容不同来划分员工每小时加班金额，具体内容如表 4-1 所示。

表 4-1   加班费用

加班内容	每小时应得加班费（元）
洽谈业务	30
培训员工	25
处理事务	20
部门会议	10
核对资料或制作报表	15

在计算员工的加班费之前，首先应判断出员工的加班内容，然后再确定员工应获得的加班费。判断过程如图 4-98 所示。

图 4-98 判断加班内容及加班费图解

由图 4-98 分析得出，需要用到 IF 函数和 HOUR 函数。下面介绍一下 HOUR 函数的功能。

语法格式：

`HOUR(serial_number)`

该函数的功能是返回小时数，即一个 0（12:00A.M.）到 23（11:00P.M.）的整数。

Serial_number 表示为一个时间值，其中包含要查找的小时。时间有多种输入方式：带引号的文本字符串（例如，"6:45 PM"）、十进制数（例如，0.78125 表示 6:45 PM），或者其他公式或函数的结果（例如，TIMEVALUE("6:45 PM")）。

需要说明的是，Microsoft Excel for Windows 和 Excel for Macintosh 使用不同的默认日期系统。时间值为日期值的一部分，并用十进制数来表示（例如，12:00 PM 可表示为 0.5，此时是一天的一半）。计算员工加班费的具体步骤如下。

本实例的原始文件和最终效果所在位置如下		
原始文件	素材\原始文件\04\员工加班月记录表 1.xlsx	
最终效果	素材\最终效果\04\员工加班月记录表 1.xlsx	

（1）打开本实例的原始文件，选中单元格 F4，然后输入以下公式。输入完毕按下【Enter】键，确认输入，即可求出计算结果，如图 4-99 所示。

=IF(C4=" 洽 谈 业 务 ",HOUR(E4-D4)*30,IF(C4=" 培 训 员 工 ",HOUR(E4-D4)*25,IF(C4=" 处 理 事 务 ",HOUR(E4-D4)*20,IF(C4="部门会议",HOUR(E4-D4)*10,IF(C4="核对资料",HOUR(E4-D4) *15,IF(C4="制作报表", HOUR(E4-D4)*15, "")))))))

（2）使用自动填充功能将此公式复制到单元格 F12 中，如图 4-100 所示。

图 4-99　输入公式　　　　　　　　　　　　　图 4-100　填充公式

（3）设置数字格式。选中单元格区域"F4:F12"，单击【开始】选项卡，然后单击【字体】组右下角的【对话框启动框】按钮，弹出【设置单元格格式】对话框，单击【数字】选项卡，在【分类】列表框中选择【货币】选项，在【小数位数】微调框中输入"1"，如图 4-101 所示。

（4）单击 确定 按钮返回工作表，即可看到设置的效果，如图 4-102 所示。

图 4-101　设置数字格式　　　　　　　　　　　图 4-102　设置效果

4.4　办公用品盘点清单

实例目标

在公司的日常管理中会涉及诸如办公用品等很细微的物品统计、清点等工作，如何高效地实现此类物品的盘点显得尤为重要。本节介绍使用 Excel 制作办公用品盘点清单及其保护和打印清单的方法，制作的办公用品盘点清单最终效果如图 4-103 所示。

图 4-103　办公用品盘点清单最终效果

实例解析

本例在制作之前，可以从以下几个方面进行分析和资料准备。

（1）确定办公用品盘点清单的内容。办公用品盘点清单中应该包含统计物品的编号、名称、规格、单位、单价，上期结存的数量、金额，本期购进、发放数，本期结存的数量、金额等情况。

（2）制作办公用品盘点清单。制作过程非常简单，首先设计一个表头，然后输入各个项目、数据，美化表格，进行相关计算，最后添加页眉页脚即可。

（3）在表格中输入数据。本例中的数据输入主要包括在单元格中直接输入数据和数据填充。

操作过程

结合上述分析，本例的制作思路如图 4-104 所示，涉及的知识点包括设计表格框架、设置数字格式、利用函数进行计算、保护和打印工作表等。

① 新建工作表并输入表标题和列标题

图 4-104　7 月份办公用品盘点清单制作思路

② 输入数据信息　　　　　　　　　　　③ 美化工作表

④ 进行相关计算

⑤ 保护工作表　　　　　　　　⑥ 打印工作表

图4-104　7月份办公用品盘点清单制作思路（续）

4.4.1　制作及美化报表

本小节讲解办公用品盘点清单的制作及美化操作。用户在实际工作中可以参照此方法举一反三，将其应用到其他的报表设计或者美化中。

本实例的原始文件和最终效果所在位置如下	
原始文件	无
最终效果	素材\最终效果\04\办公用品清单.xlsx

（1）新建一个名为"办公用品清单.xlsx"的空白工作簿，然后在工作表相应的单元格中输入工作表标题和列标题，如图 4-105 所示。

图 4-105　输入工作表标题和列标题

（2）根据公司的实际情况，在对应项目中添加具体的数据信息。然后选中单元格区域"A3:K13"，单击【开始】选项卡，再单击【对齐方式】组中的【居中】按钮，将该区域中的数据设置为居中对齐，如图 4-106 所示。

图 4-106　输入数据信息并设置单元格格式

（3）对工作表进行美化。首先选中工作表标题所在的单元格 A1，然后单击鼠标右键，在弹出的快捷菜单中选择【设置单元格格式】菜单项，如图 4-107 所示。

图4-107　选择【设置单元格格式】

（4）弹出【设置单元格格式】对话框，单击【字体】选项卡，在【字体】列表框中选择【黑体】选项，在【字形】列表框中选择【常规】选项，在【字号】列表框中选择【14】选项，在【颜色】下拉列表中选择【白色】选项，如图4-108所示。

图4-108　设置工作表标题格式

（5）单击【填充】选项卡，然后单击【其他颜色】按钮 其他颜色(M)... ，弹出【颜色】对话框，单击【自定义】选项卡，将RGB数据分别设置为"252""114""55"（红色），单击 确定 按钮，返回到【设置单元格格式】对话框，即可预览填充颜色的设置效果，如图4-109所示。最终效果如图4-110所示。

图 4-109 设置填充颜色

图 4-110 设置效果

（6）按照相同的方法完成其他单元格的字体、填充颜色等格式的设置。选中单元格区域"E3:E13"，单击鼠标右键，在弹出的快捷菜单中选择【设置单元格格式】菜单项，如图 4-111 所示。

图 4-111 设置单元格格式

（7）弹出【设置单元格格式】对话框，单击【数字】选项卡，在【分类】列表框中选择【货币】选项，在【小数位数】微调框中输入"1"，其他选项保持默认设置，单击 确定 按钮，即可完成将所选区域设置为"货币"格式的操作，如图4-112所示。

图4-112 设置【货币】数字格式

（8）选中单元格区域"A1:K13"，为该区域添加边框。按照前面介绍的方法打开【设置单元格格式】对话框，单击【边框】选项卡，选择合适的线条样式和颜色后，在【预置】组合框中分别单击【外边框】按钮 田 和【内部】按钮 田，如图4-113所示。

图4-113 设置表格边框

（9）设置完毕后单击 确定 按钮，即可得到美化后的数据报表，如图 4-114 所示。

图 4-114　设置效果

4.4.2　进行相关计算

在办公用品盘点清单中有时需要计算相关项目，例如，"上期结存金额""本期结存数量"等。本小节利用插入函数和直接输入公式的方法进行相关的计算，其中，"金额=单价×结存数量"，"本期结存数量=上期结存数量+本期购进-本期发放量"。

本实例的原始文件和最终效果所在位置如下		
原始文件	素材\原始文件\04\办公用品清单 1.xlsx	
最终效果	素材\最终效果\04\办公用品清单 1.xlsx	

（1）打开本实例的原始文件，首先计算"上期结存金额"。选中单元格 G3，单击【公式】选项卡，然后单击【函数库】组中 Σ 自动求和 按钮右侧的下拉按钮 ，在弹出的下拉菜单中选择【其他函数】选项，如图 4-115 所示。

（2）弹出【插入函数】对话框，在【或选择类别】下拉列表中选择【数学与三角函数】选项，在【选择函数】列表框中选择【PRODUCT】选项，然后单击 确定 按钮，如图 4-116 所示。

图 4-115　计算"上期结存金额"　　　　　　　图 4-116　选择函数

（3）弹出【函数参数】对话框，在【Number1】文本框中输入"E3"，在【Number2】文本框中输入"F3"。用户也可以单击文本框右侧的【折叠】按钮，然后在工作表中选择相应的单元格或者单元格区域来设置参数，如图 4-117 所示。

图 4-117　设置参数

（4）设置完毕后单击 确定 按钮，即可得到计算结果，如图 4-118 所示。

图 4-118　计算结果

（5）将鼠标移至单元格 G3 的右下角，当指针变为"✚"形状时按下不放，向下拖动至单元格 G13 即可完成公式的填充。接下来计算"本期结存数量"。在单元格 J3 中输入公式"=F3+H3-I3"，输入完毕后按【Enter】键即可显示计算结果。在单元格 K3 中输入"=E3*J3"，即可算出"本期结存金额"。利用鼠标拖动的方法将以上两个公式分别复制到单元格 J13 和 K13 中。至此就完成了办公用品盘点清单中相关项目的计算，如图 4-119 所示。

提示

在计算"上期结存金额"和"本期结存金额"时，由于此处的计算比较简单，因此用户也可以直接在单元格中输入公式，即在单元格 G3 中输入公式"=E3*F3"，在单元格 K3 中输入公式"=E3*J3"。但当使用的函数的参数较多时，为了避免产生输入上的错误，建议用户利用插入函数的方法输入公式。

图 4-119　填充计算结果

4.4.3 保护、打印工作表

为了防止他人更改工作表中的数据信息，可对表单中的部分数据进行保护，同时也可以对整个工作表进行保护。另外，为了便于阅读、分析或者管理文件等，可将报表打印备份。

本实例的原始文件和最终效果所在位置如下	
原始文件	素材\原始文件\04\办公用品清单 2.xlsx
最终效果	素材\最终效果\04\办公用品清单 2.xlsx

1. 保护工作表

设置允许用户编辑区域的保护和对工作表的保护，可起到双重保护的作用。

（1）打开本实例的原始文件，在保护整个工作表之前，首先设置允许用户编辑的数据区域。例如，设置"购进"数据列为允许用户编辑的数据区域。选中单元格区域"H3:H13"，单击鼠标右键，在弹出的快捷菜单中选择【设置单元格格式】菜单项，如图 4-120 所示。

图 4-120　设置单元格格式

（2）弹出【设置单元格格式】对话框，单击【保护】选项卡，选中【锁定】复选框，然后单击 [确定] 按钮，如图 4-121 所示。

图 4-121　锁定工作表

（3）单击【审阅】选项卡，然后单击【保护】组中的【允许编辑区域】按钮，弹出【允许用户编辑区域】对话框，单击【新建】按钮，如图 4-122 所示。

（4）弹出【新区域】对话框，在【标题】文本框中输入区域名称"购进"，在【引用单元格】文本框中系统已经自动显示出当前所选中的单元格区域，用户也可以自行输入，或者单击文本框右侧的【折叠】按钮返回到工作表中选择，这里保持默认设置即可。接下来，在【区域密码】文本框中输入设置的保护密码，在此输入"123"，然后单击 [确定] 按钮，如图 4-123 所示。

图 4-122　【允许用户编辑区域】

图 4-123　编辑【新区域】

（5）弹出【确认密码】对话框，在【重新输入密码】文本框中再次输入区域保护密码"123"，如图 4-124 所示。

（6）单击 [确定] 按钮，返回到【允许用户编辑区域】对话框，此时在【工作表受保护时使用密码取消锁定的区域】列表框中即可显示新区域的信息，然后单击 [保护工作表(O)...] 按钮，如图 4-125 所示。

图 4-124　确认密码　　　　　　　　　图 4-125　保护工作表

（7）弹出【保护工作表】对话框，在【取消工作表保护时使用的密码】文本框中输入相应的密码，例如，输入"123"，其他选项保持默认设置即可，如图 4-126 所示。

（8）单击 ____ 按钮，弹出【确认密码】对话框，在【重新输入密码】文本框中再次输入工作表保护密码"123"，如图 4-127 所示。

图 4-126　取消密码　　　　　　　　　图 4-127　确认密码

（9）单击 ____ 按钮返回工作表，此时便完成了对单元格区域和工作表的保护设置。如果对单元格区域"H3:H13"中的数据信息进行修改，系统将弹出【取消锁定区域】对话框，在【请输入密码以更改此单元格】文本框中输入设置的区域保护密码"123"，然后单击 ____ 按钮即可进行修改操作，如图 4-128 所示。

（10）如果输入的密码不正确，则会弹出【Microsoft Excel】提示对话框，如图 4-129 所示。

图 4-128　输入密码修改锁定单元格　　　　　图 4-129　密码不正确

（11）如果在工作表中修改单元格区域"H3:H13"之外的单元格的信息，系统则会弹出如图 4-130 所示的对话框。

（12）用户只需单击 ____ 按钮，返回到工作表中，单击【审阅】选项卡，然后单击【保护】组中的 按钮，随即弹出【撤销工作表保护】对话框，如图4-131所示，在【密码】文本框中输入设置工作表保护的密码"123"，单击 确定 按钮返回工作表，此时即可对工作表进行修改。

图4-130 提示信息　　　　　　　　　　　　图4-131 取消工作表保护

2. 打印工作表

在打印工作表之前，需要对工作表进行页面设置。打印时分为打印整张工作表或者打印局部页面等情况。具体的操作步骤如下。

（1）单击【页面布局】选项卡，然后单击【页面设置】组右下角的【对话框启动器】按钮，弹出【页面设置】对话框，单击【页面】选项卡，在【方向】组合框中选中【横向】单选钮，在【缩放】组合框中选中【缩放比例】单选钮，并在其微调框中输入"100"，在【纸张大小】下拉列表中选择【A4】选项，其他选项保持默认设置即可，如图4-132所示。

（2）单击【页边距】选项卡，分别在【上】【下】微调框中输入"3"，在【左】【右】微调框中输入"2"，在【页眉】【页脚】微调框中输入"1.3"，然后在【居中方式】组合框中选中【水平】复选框，如图4-133所示。

图4-132 页面设置　　　　　　　　　　　　图4-133 页边距设置

（3）单击【页眉/页脚】选项卡，用户可以在【页眉】或【页脚】下拉列表中选择合适的选项。如果没有符合要求的选项，可以自定义页眉或者页脚。这里单击 自定义页眉(C)... 按钮，如图4-134所示。

（4）弹出【页眉】对话框，在【中】文本框中输入"7月份办公用品盘点清单"，然后选中输入的文本，单击文本框上方的【字体】按钮 A ，如图4-135所示

（5）弹出【字体】对话框，在【字体】列表框中选择【楷体】选项，在【字形】列表框中选择【常规】选项，在【大小】列表框中选择【16】选项，如图4-136所示。

（6）单击 确定 按钮，返回【页面设置】对话框。接下来设置页脚，单击 自定义页脚(U)... 按钮，弹出【页脚】对话框，在【左】文本框中输入"制作人：小雪"，在【右】文本框中输入"2018年2月20日"，如图4-137所示。

图 4-134　自定义页眉

图 4-135　输入页眉

图 4-136　设置页眉字体

图 4-137　输入页脚

（7）单击 确定 按钮，返回【页面设置】对话框，至此就完成了页眉、页脚的设置，如图 4-138 所示。

（8）单击【工作表】选项卡，从中可对打印区域、打印标题等进行设置。这里在【打印区域】文本框中输入 "A1:K13"，如果要设置多个打印区域，可以用逗号（,）将每个引用的单元格区域分开。至此完成了对工作表页面设置的操作，单击 确定 按钮即可，如图 4-139 所示。

　提示

　　设置打印区域时也可以将光标定位在文本框内，然后用鼠标直接在工作表中选择打印区域，选择的区域会自动出现在文本框中。但需要注意的是，在使用鼠标选择打印区域时，按下【Ctrl】键不放可选择多个区域，但每个区域都是单独打印的。若要将几个区域打印在一张纸上，可以先将这几个区域复制到同一个工作表中，然后再打印该工作表。也可以对不打印的区域进行隐藏设置。另外，在进行页面设置时，可以单击【页面设置】对话框中的 打印预览(W) 按钮查看打印效果，如果不满意可以重新设置，直到满意为止。

图 4-138 完成【页眉页脚】设置

图 4-139 打印设置

（9）在工作表中单击 文件 按钮，在弹出的下拉菜单中选择【打印】菜单项，即可打开打印预览窗口，确认无误后，可直接在该窗口中单击【打印】按钮，如图 4-140 所示。

图 4-140 打印设置

（10）在左侧的【设置】菜单中可以设置有关打印的相关属性。例如，使用哪一台打印机、打印机的属性、打印范围和打印的份数等，设置完毕后单击 确定 按钮，即可开始打印。

1. 打开【习题】文件夹中的表格文件："练习题/原始文件/04/【8 月水果销售统计表】"，并按以下要求进行设置。

（1）在"A3:A14"单元格中输入【员工代号】"1~12"。

（2）将"A1:G1"单元格区域合并并居中，然后将"A2:G15"单元格区域的字体居中对齐。

（3）将标题"8 月水果销售统计表"设置为【20】号【隶书】，将单元格区域"A2:G15"中的字体设置为【12】号【楷体】。标题单元格填充为【绿色】，"A2:G2"单元格区域填充为【黄色】，边框设置为【蓝色】。

（4）选中单元格 B2，然后将窗口冻结。

（最终效果见："练习题/最终效果/04/【8 月水果销售统计表】"）

2. 打开【习题】文件夹中的表格文件："练习题/原始文件/04/【8 月水果销售统计表 1】"，并按以下要求进行设置。

（1）计算出各种水果的销售总额，并在单元格区域"F3:F14"中输入计算结果。

（2）计算出每种水果的净利润，并在单元格区域"G3:G14"中输入计算结果。

（3）计算出销售总额和净利润的合计数额，并在单元格 F15 与 G15 中输入计算结果。

（4）将进货价、收货价、销售总额、净利润等项目中的数据改为货币格式。

（最终效果见："练习题/最终效果/04/【8 月水果销售统计表 1】"）

3. 打开【习题】文件夹中的表格文件："练习题/原始文件/04/【考生考试信息表】"，并按以下要求进行设置。

（1）利用函数，根据考生的身份证号计算出所有考生的性别与出生日期，并将计算结果输入到相应的单元格区域内。

（2）利用数据有效性，在单元格区域"C3:C15"中录入各考生的民族信息："汉族""满族""回族""维吾尔族""朝鲜族"。同样利用数据有效性在单元格区域"G3:G15"中录入各考生的考试科目信息："会计基础""财经法规""电算化"。

（3）将单元格区域"A1:G1"合并后居中，标题字体设置为【20】号【黑体】，颜色设置为【蓝色】。将单元格区域"A2:G15"中的字体设置为【12】号【仿宋】，颜色设置为【淡蓝色】，并居中对齐。

（最终效果见："练习题/最终效果/04/【考生考试信息表】"）

4. 打开【习题】文件夹中的表格文件："练习题/原始文件/04/【考生考试信息表 1】"，并按以下要求进行设置。

（1）将整个工作表填充为白色，在"素材"文件夹中选择一张图片，并将其设置为工作表的背景图片，使该背景只在单元格区域"A1:G15"中显示出来。

（2）利用 Excel 2016 提供的数据单功能在表格中添加一条新的考生信息如下。

姓名：王宏伟；民族：汉族；身份证号：370631198911291452；考试科目：电算化。

（3）将单元格区域"A1:C16"拍照，并将照片保存到工作表 Sheet2 中。

（4）将工作表"Sheet1"重命名为"考生考试信息表"并保存。

（最终效果见："练习题/最终效果/04/【考生考试信息表 1】"）

第 5 章

Excel 图表与数据透视表

　　使用 Excel 2016 的图表与数据透视表功能，可以使表格中的数据更加直观且吸引人，具有较好的视觉效果。通过创建不同类型的图表，可以更容易地分析数据的走向和差异，便于预测趋势。本章介绍图表与数据透视表（图）的相关知识。

5.1 销售预测分析

实例目标

企业通过对产品的未来销售情况进行预测分析，可以了解产品的市场销售状况以及产品的销售效率。本节介绍使用 Excel 进行产品销售预测与分析的方法，制作完成的销售预测表如图 5-1 所示。

年度	季度	市场总需求量	市场成长率(%)	本企业产品占有率估计	预测销量	价格定位	销售总额(元)
2018	1	12000	26%	12%	8000	29	232000
2018	2	32000	38%	22%	25000	29	725000
2018	3	26000	55%	35%	22000	29	638000
2018	4	15000	56%	46%	8900	29	258100
2019	1	16000	26%	18%	12000	30	360000
2019	2	28000	39%	33%	15000	30	450000
2019	3	32000	50%	48%	28000	30	840000
2019	4	56000	29%	16%	42000	30	1260000
2020	1	51000	38%	23%	29000	32	928000
2020	2	36000	65%	36%	25000	32	800000
2020	3	28000	52%	47%	26000	32	832000
2020	4	39000	53%	39%	27000	32	864000
合计		371000			267900	–	8187100

图 5-1　未来三年销售预测表最终效果

实例解析

本例在制作之前，可以从以下几个方面进行分析和资料准备。

（1）确定未来三年销售预测表的内容。未来三年销售预测表中应该包含年度、季度、市场总需求量、市场成长率、本企业产品占有率估计、预测销量、价格定位、销售总额等情况。

（2）制作销售统计表。制作销售统计表首先要输入表头和各项目及数据，然后利用函数进行相关计算、创建年销售总额查询表、为表格插入图表、制作数据透视表。

（3）在表格中输入数据。本例中的数据输入主要涉及两种方式：一种是直接在单元格中输入，另一种是快速填充输入。

结合上述分析，本例的制作思路如图 5-2 所示，涉及的知识点包括在工作表中输入数据、数据填充、利用函数进行相关计算、编辑工作表、定义名称、插入图表、制作数据透视表等内容。

① 新建工作簿并重命名　　　　　　② 输入数据并对表格进行设置

图 5-2　制作未来三年销售预测表的思路

④ 定义名称　　　　　　　　　　　　　③ 利用函数进行相关计算并填充数据

⑤ 建立未来三年销售预测总额查询表　　　　　　⑥ 插入图表并进行设置

图 5-2　制作未来三年销售预测表的思路（续）

下面将具体讲解本例的制作过程。

5.1.1　未来三年销售预测

销售状况对企业未来的发展起着至关重要的作用。本小节将介绍销售预测的方法。

本实例的原始文件和最终效果所在位置如下	
原始文件	无
最终效果	素材\最终效果\05\未来三年销售预测表.xlsx

1. 制作基本预测表

（1）启动 Excel 2016，创建一个新工作簿，然后将其以"未来三年销售预测表"为名称保存在合适的位置，接着将工作表"Sheet1"重命名为"未来三年销售预测"，并隐藏工作表中的网格线，如图 5-3 所示。

（2）在工作表中输入表格列标题和相关数据信息，然后适当地设置单元格的格式和表格列宽，如图 5-4 所示。

（3）计算"销售总额"。将"预测销量"列输入相关数据，选中单元格 H2，输入公式"=G2*F2"，输入完毕后单击编辑栏中的【输入】按钮✓确认输入，然后使用鼠标拖动的方法将此公式复制到单元格 H13 中，如图 5-5 所示。

（4）计算未来三年的市场总需求量、预测销量以及销售总额。在单元格 C14、F14 和 H14 中分别输入以下公式，计算结果如图 5-6 所示。

C14: =SUM(C2:C13)

F14: =SUM(F2:F13)

H14: =SUM(H2:H13)

图 5-3　新建工作簿

图 5-4　输入数据并美化表格

图 5-5　计算销售总额并填充数据

图 5-6　计算合计数据

2. 使用函数查询某年的销售总额

● 了解相关函数

使用 INDIRECT 函数可以快速地统计出某一年的销售总额。下面介绍 INDIRECT 函数的相关知识。

语法格式：

`INDIRECT(ref_text,a1)`

该函数的功能是返回由文本字符串指定的引用，并且会立即对引用进行计算并显示其内容。

ref_text 为对单元格的引用，此单元格可以包含 A1-样式的引用、R1C1-样式的引用、定义为引用的名称或者对文本字符串单元格的引用。如果 ref_text 不是合法的单元格的引用，则返回错误值#REF!。如果 ref_text 是对另一个工作簿的引用，则那个工作簿必须被打开。如果源工作簿没有打开，则返回错误值#REF!。

a1 为一逻辑值，指明包含在单元格 ref_text 中的引用的类型。如果 a1 为 TRUE 或省略，ref_text 被解释为 A1-样式的引用；如果 a1 为 FALSE，ref_text 被解释为 R1C1-样式的引用。

● 定义名称

了解了 INDIRECT 函数的相关知识之后，接下来使用该函数统计某年份的销售总额，在此之前，首先需要对表格中的单元格区域定义名称。具体的操作步骤如下。

（1）将光标定位在表格中的任意一个单元格中，然后单击【公式】选项卡，再单击【定义的名称】组中的 定义名称 按钮，弹出【新建名称】对话框，在【名称】文本框中输入"二零一八"，然后单击【引用位置】文本框右侧的【折叠】按钮 ，如图 5-7 所示。

（2）此时该对话框处于折叠状态，在工作表中选中单元格区域"H2:H5"，选择完毕后单击【新建名称 - 引用位置：】对话框中的【展开】按钮 ，如图 5-8 所示。

3

图 5-7　新建定义的名称　　　　　　　　　　　　　图 5-8　选择区域

（3）返回【新建名称】对话框，单击 确定 按钮即可。

（4）使用同样的方法定义"二零一九"和"二零二零"名称，将其引用位置分别指定为单元格区域"H6:H9"和"H10:H13"，设置完毕后单击 确定 即可。

（5）单击【公式】选项卡，然后单击【定义的名称】组中的【名称管理器】按钮 ，即可查看之前添加的所有应用名称，如图 5-9 所示。

图 5-9　【名称管理器】

提示

　　定义名称时应遵循以下规则：定义的名称不能与单元格的名称相同，而且同一工作簿中的名称不能相同；名称的第 1 个字符必须是字母、汉字或者下划线；名称长度不能超过 255 个字符，并且字符之间不能有空格；字母不区分大小写。

●使用函数统计某一年的销售总额

下面使用 INDIRECT 函数统计某年份的销售总额，具体的操作步骤如下。

（1）调整 I 列的列宽，然后在单元格 J2 中输入"统计未来三年销售预测总额"，选中单元格区域"J2:L2"，单击【开始】选项卡，然后单击【对齐方式】组中的【合并后居中】按钮 。在单元格 J3 中输入"输入查询年份"，选中单元格区域"J3:K3"，将其对齐方式设置为【合并后居中】。接下来，在单元格 J4 中输入以下公式。

=CONCATENATE(L3,"年销售总额")

输入完毕后按下【Enter】键确认输入，然后选中单元格区域"J4:K4"，将其对齐方式设置为【合并后居中】，并设置单元格的格式，如图 5-10 所示。

图 5-10　制作统计未来三年销售预测总额查询表

（2）统计销售总额。在单元格 L4 中输入以下公式。

=SUM(INDIRECT($L$3))

该公式的作用为返回单元格 L3 的内容，而此内容就是之前预先定义的单元格区域引用的名称，因此，INDIRECT 函数计算并转换结果为单元格区域中的数值，然后使用 SUM 函数计算出结果。输入完毕后按下【Enter】键确认输入。由于单元格 L3 中的内容为空，因此单元格 L4 中显示出"#REF!"，如图 5-11 所示。

（3）当用户在单元格 L3 中输入定义的名称时，例如，输入"二零一八"，在单元格 L4 中就会求出 2018 年的销售总额结果"1 853 100"，并且单元格 K4 中的内容会自动变为"二零一八年销售总额"，如图 5-12 所示。

图 5-11　【输入查询年份】为空显示结果

图 5-12　查询"二零一八"年销售预测总额

3. 创建按年份显示的动态图表

下面根据未来三年的销售预测情况来创建动态图表，具体的操作步骤如下。

●定义名称

在创建图表之前，首先为单元格区域定义名称。

（1）单击【公式】选项卡，然后单击【定义的名称】组中的［定义名称］按钮，弹出【新建名称】对话框。在定义名称的过程中，用户可以以列标题的首字母来命名。例如，定义"年度"，只需在【名称】文本框中输入"nd"，然后在【引用位置】文本框中输入以下公式，如图 5-13 所示。

=OFFSET(未来三年销售预测!$A$2,0,0,未来三年销售预测!$J$1,1)

该公式的作用为计算比单元格 A2 向下 0 行并向右 0 列至 J1 行 1 列区域的值，这里以单元格 J2 为链接单元格，设置完毕后单击　确定　按钮。

（2）使用同样的方法分别为其他列标题定义名称。定义的名称和引用位置如下，如图 5-14 所示。

jd: =OFFSET(未来三年销售预测!$B$2,0,0,未来三年销售预测!$J$1,1)

sczxql: =OFFSET(未来三年销售预测!$C$2,0,0,未来三年销售预测!$J$1,1)

scczl: =OFFSET(未来三年销售预测!$D$2,0,0,未来三年销售预测!$J$1,1)

zyl: =OFFSET(未来三年销售预测!$E$2,0,0,未来三年销售预测!$J$1,1)

ycxl: =OFFSET(未来三年销售预测!$F$2,0,0,未来三年销售预测!$J$1,1)

jgdw: =OFFSET(未来三年销售预测!$G$2,0,0,未来三年销售预测!$J$1,1)

xsze: =OFFSET(未来三年销售预测!$H$2,0,0,未来三年销售预测!$J$1,1)

（3）设置完毕后单击 确定 按钮，返回工作表。

图 5-13 新建名称

图 5-14 名称管理器

●插入图表

名称定义完毕，接下来插入图表。

（1）首先在单元格 J1 中输入 1～12 中的任意一个数值，例如，输入 "8"，然后单击【插入】选项卡，再单击【图表】组中的【柱形图】按钮，在下拉列表中选择【堆积柱形图】选项，如图 5-15 所示。

（2）此时在文本中插入一个相应类型的图表，单击【图表工具】栏中的【设计】选项卡，然后单击【数据】组中的【选择数据】按钮，弹出【选择数据源】对话框，将【图表数据区域】文本框中的数据删除，如图 5-16 所示。

图 5-15 插入图表

图 5-16 删除【图表数据区域】中的数据

（3）单击【图表数据区域】文本框右侧的【折叠】按钮，将对话框折叠起来。选中单元格区域 C2:F9，然后单击【展开】按钮或按【Enter】键，展开【选择数据源】对话框，此时【图例项】系列中产生了 4 个系列，如图 5-17 所示。

（4）选择【系列 1】，单击 编辑(E) 按钮，弹出【编辑数据系列】对话框，在【系列名称】文本框中输入 "=" 市场总需求量""，【系列值】文本框中的值保持不变，如图 5-18 所示。然后单击 确定 按钮，返回【选择数据源】对话框，如图 5-19 所示。

图 5-17 【选择数据源】

图 5-18 【编辑数据系列】

图 5-19 返回【选择数据源】

（5）使用同样的方法分别将系列 2、系列 3、系列 4 编辑为："市场成长率""本企业产品占有率""预测销量"，如图 5-20 所示。

（6）单击 确定 按钮，返回文本，选中图表，单击图表右侧的【图表元素】按钮，在弹出的列表中选择【图例】➤【底部】选项，在下拉列表中选择【在底部显示图例】选项，效果如图 5-21 所示。

图 5-20 添加系列

图 5-21 在底部显示图例

（7）同样单击右侧的【图表元素】按钮，在弹出的列表中选择【图表标题】➤【图表上方】选项，此时在图表上方插入了一个【图表标题】文本框，在文本框中输入 "未来三年销售预测"，如图 5-22 所示。

（8）设置完成后，拖动图表四个角中的任意一个，将其调整到合适的大小，并移动到合适的位置即可。

图 5-22　插入图表标题

●设置图表格式

图表设计得清晰、明朗，可以更好地帮助用户比较和分析数据信息。下面对未来三年销售预测图表的格式进行设置，具体的操作步骤如下。

（1）设计图表格式。在图表区上单击鼠标右键，在弹出的快捷菜单中选择【设置图表区域格式】菜单项，如图 5-23 所示。

（2）弹出【设置图表区格式】任务窗格，单击【填充与边框】选项卡，在【填充】组合框中选中【渐变填充】单选钮，在【预设渐变】下拉列表中选择【浅色渐变-个性色 1】选项，如图 5-24 所示。

图 5-23　设置图表区域格式

图 5-24　设置填充颜色

（3）在【边框】组中，选择【无线条】单选选钮，如图 5-25 所示。

（4）单击【效果】选项卡，在【三维格式】组中的【棱台】组合框中选择【圆形】选项。设置完成后单击【关闭】按钮，如图 5-26 所示。

图 5-25　设置【边框】

图 5-26　设置【三维格式】

（5）设置"市场总需求量"系列格式。在"市场总需求量"系列上单击鼠标右键，在弹出的快捷菜单中选择【设置数据系列格式】菜单项，如图 5-27 所示。

（6）在弹出的【设置数据系列格式】任务窗格中，单击【填充与边框】选项卡，在【填充】组合框中选择【渐变填充】选项，在【预设渐变】下拉列表中选择【浅色渐变-个性色 1】选项。将【渐变光圈】组合框下方滑块中间的滑块删除，即选中滑块，单击右侧的【删除渐变光圈】按钮 。在【类型】下拉列表中选择【线性】选项，在【方向】下拉列表中选择【线性向左】选项。选中左侧滑块，单击【颜色】按钮 ，在下拉列表中选择【浅绿】选项。单击右侧滑块，在【颜色】下拉列表中选择【黄色】选项。单击【效果】选项卡，在【三维格式】组中的【材料】下拉列表中选择【暖色粗糙】选项。图 5-28 所示为【设置数据系列格式】任务窗格。

图 5-27　在下拉列表中选择数据系列格式

图 5-28　设置数据系列格式

（7）设置完成后单击 关闭(L) 按钮即可。接下来，使用同样的方法对"预测销量"系列进行设置，设置效果如图 5-29 所示。

（8）选中横坐标轴，单击鼠标右键，在弹出的快捷菜单中选择【选择数据】菜单项，弹出【选择数据源】对话框。单击【水平（分类）轴标签】列表框中的 编辑(E) 按钮，弹出【轴标签】对话框，如图 5-30 所示。

图 5-29　设置效果

图 5-30　【轴标签】对话框

（9）单击【轴标签区域】文本框右侧的【折叠】按钮，选中单元格区域"A2:A9"，然后单击【展开】按钮 或按【Enter】键，返回【选择数据源】对话框，单击 确定 按钮返回图表，如图 5-31 所示。

（10）选中图表标题，单击【开始】选项卡，将字体设置为【隶书】，字号设置为【20】，然后选中图例，将字体设置为【楷体】，字号设置为【11】，如图 5-32 所示。

图 5-31　设置水平坐标轴

图 5-32　设置图表标题

●更改数据系列类型

在图表中，用户可以根据实际需求更改数据系列的图表类型，具体的操作步骤如下。

（1）选中【预测销量】系列，单击【图表工具】栏中的【设计】选项卡，然后单击【类型】组中的【更改图表类型】按钮 ，弹出【更改图表类型】对话框，单击【折线图】选项，在【折线图】组中选择【带数据标记的折线图】选项，单击 确定 按钮，效果如图 5-33 所示。

（2）选中【预测销量】数据系列，单击鼠标右键，在弹出的快捷菜单中选择【设置数据系列格式】菜单项，弹出【设置数据系列格式】对话框，如图 5-34 所示。

图 5-33　添加【带数据标记的折线图】

图 5-34　【设置数据系列格式】

（3）单击【数据标记选项】选项卡，在【数据标志类型】组合框中选择【内置】单选钮，在【类型】下拉列表中选择【菱形】选项。单击【数据标记填充】选项卡，选择【纯色填充】，弹出【填充颜色】组合框，单击【颜色】按钮 ，在下拉列表中选择【浅蓝】选项。单击【标记线颜色】选项卡，选择【实线】单选钮，单击【颜色】按钮 ，在下拉列表中选择【红色】选项，单击 关闭 按钮，返回图表。设置效果如图 5-35 所示。

图 5-35　设置效果

●动态查看图表数据

用户可以通过在图表中添加滚动条来动态地查看图表中的数据，具体的操作步骤如下。

4. 打印图表

图表设置完成后，就可以对图表进行打印输出，在打印之前，首先应预览一下设置的效果，以免因页面设置不当导致打印出的图表不完整。具体的操作步骤如下。

（1）设置打印图表选项。单击【页面布局】选项卡，然后单击【页面设置】组右下角的【对话框启动器】按钮，弹出【页面设置】对话框，如图 5-36 所示。

（2）单击【页边距】选项卡，将上下边距设置为【1.8】，左右边距设置为【1.6】，页眉页脚边距设置为【0.8】，在【居中方式】组合框中选择【水平】复选框，单击 打印预览(W) 按钮，如图 5-37 所示。

图 5-36 【页面设置】

图 5-37 设置【页边距】

（3）弹出【打印预览】对话框，在【打印】组合框中将【份数】设置为【2】，在【设置】组合框中对将打印的工作表进行设置，完成后单击【打印】按钮 即可，如图 5-38 所示。

图 5-38 打印预览

5.1.2 透视分析未来三年销售情况

下面使用数据透视表的功能来分析企业未来三年的销售情况。

本实例的原始文件和最终效果所在位置如下	
原始文件	素材\原始文件\05\未来三年销售预测表 1.xlsx
最终效果	素材\最终效果\05\未来三年销售预测表 1.xlsx

（1）打开本实例的原始文件。选中"未来三年销售预测"表中的任意一个单元格，单击【插入】选项卡，然后单击【表格】组中的【数据透视表】按钮 的下半部分按钮，在下拉列表中选择【数据透视表】选项，弹出【创建数据透视表】对话框，如图 5-39 所示。在【表/区域】文本框中输入"未来三年销售预测!$A$1:$H$13"，在【位置】文本框中输入"未来三年销售预测!$A$16"，如图 5-40 所示。

图 5-39 【创建数据透视表】对话框

图 5-40 输入数据区域

（2）单击 确定 按钮。此时表格中插入了一个空白的数据透视表，并弹出【数据透视表字段】任务窗格，如图 5-41 所示。

图 5-41 插入数据透视表

（3）将鼠标移动到任务窗格中的【选择要添加到报表的字段】列表框中的【年度】字段上，按住鼠标左键将其拖动到【行标签】区域，如图 5-42 所示。使用同样的方法将【季度】字段拖动到此区域，然后将【市场总需求量】与【预测销量】字段拖动到【值】区域，设置效果如图 5-43 所示。

（4）单击【数据透视表工具】栏中的【设计】选项卡，然后单击【布局】组中的【报表布局】按钮 ，在下拉列表中选择【以表格形式显示】选项，如图 5-44 所示。

（5）单击【布局】组中的【分类汇总】按钮 ，在下拉列表中选择【在组的底部显示所有分类汇总】选项，于是报表中出现了分类汇总，如图 5-45 所示。

图 5-42　拖动字段到相应区域

行标签	求和项:市场总需求量	求和项:预测销量
⊟2018	85000	63900
1	12000	8000
2	32000	25000
3	26000	22000
4	15000	8900
⊟2019	132000	97000
1	16000	12000
2	28000	15000
3	32000	28000
4	56000	42000
⊟2020	154000	107000
1	51000	29000
2	36000	25000
3	28000	26000
4	39000	27000
总计	371000	267900

图 5-43　数据透视表设置效果

年度	季度	求和项:市场总需求量	求和项:预测销量
⊟2018	1	12000	8000
	2	32000	25000
	3	26000	22000
	4	15000	8900
2018 汇总		85000	63900
⊟2019	1	16000	12000
	2	28000	15000
	3	32000	28000
	4	56000	42000
2019 汇总		132000	97000
⊟2020	1	51000	29000
	2	36000	25000
	3	28000	26000
	4	39000	27000
2020 汇总		154000	107000
总计		371000	267900

图 5-44　【以表格形式显示】

年度	季度	求和项:市场总需求量	求和项:预测销量
⊟2018	1	12000	8000
	2	32000	25000
	3	26000	22000
	4	15000	8900
2018 汇总		85000	63900
⊟2019	1	16000	12000
	2	28000	15000
	3	32000	28000
	4	56000	42000
2019 汇总		132000	97000
⊟2020	1	51000	29000
	2	36000	25000
	3	28000	26000
	4	39000	27000
2020 汇总		154000	107000
总计		371000	267900

图 5-45　【分类汇总】

5.2　月度考勤统计表

实例目标

　　在公司的日常人事管理中，考勤是一项十分重要的内容，为此人事部门可以制定一些相关的表格来记录员工的出勤、请假以及加班等情况。本例制作完成的月度考勤统计表的最终效果如图 5-46 所示。

图 5-46　月度考勤统计表最终效果

实例解析

本例在制作之前，可以从以下几个方面进行分析和资料准备。

（1）确定月度考勤统计表的内容。月度考勤统计表中应该包括员工的编号、姓名、请假天数、请假类别、迟到和早退次数、出差天数、实际出勤天数、备注等情况。

（2）制作月度考勤统计表。制作月度考勤统计表首要先创建一个员工签到表，给每个员工创建一个工作表，并以员工姓名重命名，然后在每个工作表中输入表头和各项目及数据，最后利用函数标出迟到和早退的日期。接下来创建月度考勤统计表，使用表样式对表格进行美化，并插入说明信息版块、数据透视表和数据透视图。

（3）在表格中输入数据。本例中涉及的数据输入方式主要包括直接在单元格中输入、快速填充输入和利用数据有效性输入。

操作过程

结合上述分析，本例的制作思路如图5-47、图5-48所示，涉及的知识点包括使用符号标记出迟到或早退、利用函数进行计算、使用数据有效性输入数据、使用表样式美化工作表、固定显示行标题、使用数据透视表和数据透视图等内容。

① 新建工作簿并将工作表重命名

② 输入各项目及数据

③ 利用函数标记出迟到和早退

图5-47 员工签到表制作思路

① 创建月度考勤统计表并输入标题及各项目标题　　　　② 设置表格格式

④ 套用表样式美化表格　　　　③ 利用函数计算出各项目数据

⑤ 插入说明信息版块　　　　⑥ 插入数据透视表

⑦ 插入数据透视图

图 5-48　月度考勤表制作思路

下面将具体讲解本例的制作过程。

5.2.1 创建员工签到表

由于在进行员工出勤统计时需要用到员工签到表的有关数据，因此在创建月度考勤统计表之前应该先创建一份员工签到表。

本实例的原始文件和最终效果所在位置如下	
原始文件	无
最终效果	素材\最终效果\05\员工签到表.xlsx

1. 创建员工签到表

员工签到表的内容应该包括日期、上班签到、下班签到、迟到和早退。下面介绍如何创建员工签到表。

● 创建员工签到表基本框架

（1）启动 Excel 2016，创建一个新工作簿，并将其以"员工签到表"为名称保存在适当的位置。将工作表"Sheet1""Sheet2"和"Sheet3"分别重命名为"张一凡""陆雪琪"和"碧瑶"，然后单击工作表标签栏中的【新工作表】按钮⊕，此时"碧瑶"工作表的后方插入了一个新的工作表"Sheet4"，将其重命名为"田灵儿"，如图 5-49 所示。

（2）按照相同的方法插入 6 个工作表，并将其重命名。用户可以拖动水平滚动条左侧的竖条▯，拖动到合适的位置后即可显示出所有的工作表，如图 5-50 所示。

图 5-49　新建工作簿并重命名工作表

图 5-50　插入工作表并重命名

（3）在"张一凡"工作表中输入表格列标题，然后在单元格 A2 和 A3 中分别输入日期"2017-8-1"和"2017-8-2"，接着选中这两个单元格，将鼠标指针移至单元格 A3 的右下角，当鼠标指针变为"✚"形状时，按住鼠标左键向下拖至单元格 A32，即可显示出 8 月的所有日期，如图 5-51 所示。

（4）将单元格区域"A1:E32"的对齐方式设置为【居中】，然后对工作表进行格式化设置（标题字体为【微软雅黑】，字号为【12】，填充颜色 RGB 为"143""173""75"，正文字体为【宋体】，字号为【11】，填充颜色为浅黄与白色交叉，浅黄色 RGB 为"255""248""223"）。效果如图 5-52 所示。

图 5-51　输入数据

图 5-52　设置工作表

● 将当前工作表中的内容同时复制到其他工作表中

当其他工作表中的内容与当前工作表中的内容完全相同时，可以使用简单的方法将当前工作表中的内容一次性粘贴到其他工作表中。

（1）在"张一凡"工作表中选中单元格区域"A1:E32"，按【Ctrl】+【C】组合键复制，然后单击"陆雪琪"工作表，按住【Shift】键，选中最后一个工作表，选中单元格 A1，按【Ctrl】+【V】组合键，即可将"张一凡"工作表中的内容同时粘贴到选中的多个工作表中，如图 5-53 所示。用户单击任意一个工作表即可看到效果。

（2）接着在每个工作表中输入员工的"上班签到"和"下班签到"的时间，并设置字体格式，将网格线去掉。

图 5-53　复制内容到其他工作表

2. 使用符号标记出员工迟到或早退

假设员工上班时间为 8 点，下班时间为 17 点，对于迟到或者早退的员工可以使用符号做出标记，以便统计迟到和早退的次数。

（1）首先在"张一凡"工作表之前插入一个名为"员工上下班时间规定"的工作表，从中输入相关内容，并设置格式，如图 5-54 所示。

（2）标记迟到的员工。单击"张一凡"工作表，然后按住【Shift】键，选中最后一个工作表，同时对这 10 个工作表进行编辑，接着在单元格 D2 中输入以下公式，如图 5-55 所示。

`=IF(B2="","请假",IF(B2>员工上下班时间规定!$B$1,"▲",""))`

图 5-54　插入新工作表并重命名

图 5-55　输入公式标记出迟到次数

（3）输入完毕，按【Enter】键，然后使用自动填充功能将此公式复制到单元格 D32 中，并设置单元格格式，如图 5-56 所示。

（4）标记出早退的员工。在单元格 E2 中输入以下公式。

`=IF(C2="","请假",IF(C2<员工上下班时间规定!$B$2,"▲",""))`

图 5-56　填充公式

输入完毕，按【Enter】键确认输入，然后使用自动填充功能将此公式复制到单元格 E32 中，并设置单元格格式，如图 5-57 所示。

图 5-57　输入并填充公式，标记出早退次数

（5）单击【开始】选项卡，然后单击【单元格】组中的【格式】按钮 格式▾，在下拉列表中选择【自动调整列宽】菜单项，调整列宽，如图 5-58 所示。

图 5-58　自动调整列宽

5.2.2　创建月度考勤统计表

员工的出勤率能够反映员工工作的积极性，只有员工的工作态度积极了，企业才能获得更长远的发展。"月度

考勤统计表"用于监督员工的出勤情况，是企业考勤管理中必不可少的表单之一。

本实例的原始文件和最终效果所在位置如下		
	原始文件	素材\原始文件\05\员工签到表.xlsx
	最终效果	素材\最终效果\05\月度考勤统计表.xlsx

1. 相关公式和函数简介

在创建"月度考勤统计表"之前，首先介绍建立表格时需要用到的相关函数的知识。

●DAY 函数

语法格式：

`DAY(serial_number)`

DAY 函数的功能是返回一个月中的第几天的数值，用整数 1 到 31 表示。

serial_number 为要查找哪一天的日期。

需要说明的是，Microsoft Excel 可将日期存储为可用于计算的序列号。默认情况下，1900 年 1 月 1 日的序列号是 1，而 2008 年 1 月 1 日的序列号是 39448，这是因为它距 1900 年 1 月 1 日有 39448 天。

●COUNTIF 函数

语法格式：

`COUNTIF(range,criteria)`

该函数的功能是计算某个区域中符合给定条件的单元格的个数。

range 为需要计算其中满足条件的单元格数目的单元格区域；criteria 为确定哪些单元格将被计算在内的条件，其形式可以为数字、表达式或者文本。例如，条件可以表示为 32、"32"、">32"或者"apples"。

需要说明的是，Microsoft Excel 还提供了其他函数，可用来基于条件分析数据。例如，若要计算基于一个文本字符串或某范围内的一个数值的总和，可以使用 SUMIF 工作表函数。若要使公式返回两个基于条件的值之一，例如，某指定销售量的销售红利，可以使用 IF 工作表函数。

●DAYS360 函数

语法格式：

`DAYS360(start_date,end_date,method)`

该函数的功能是按照一年 360 天的算法（每个月以 30 天计，一年共计 12 个月），返回两日期间相差的天数，这在一些会计计算中会用到。

start_date 和 end_date 是用于计算期间天数的起止日期。如果 start_date 在 end_date 之后，DAYS360 将返回一个负数。method 为一个逻辑值，它指定了在计算中是采用欧洲方法还是美国方法。

●EOMONTH 函数

语法格式：

`EOMONTH(start_date,months)`

该函数的功能是返回 start_date 之前或之后用于指示月份的该月最后一天的序列号。使用函数 EOMONTH 可以计算正好在特定月份中最后一天内的到期日或者发行日。

start_date 是代表开始日期的一个日期，month 为 start_date 之前或之后的月数。正数表示未来日期，负数表示过去日期。如果 months 不是整数，将截尾取整。

提示

若要查看序列号所代表的日期，先选中该日期所在的单元格，单击【开始】选项卡，然后单击【字体】组右下角的【对话框启动器】按钮，弹出【设置单元格格式】对话框，单击【数字】选项卡，然后在【分类】列表框中选择【日期】选项即可。

需要说明的是，如果 start_date 为非法日期值，函数 EOMONTH 则返回错误值#NUM!；如果 start_date 加 months 产生非法日期值，函数 EOMONTH 将返回错误值#NUM!。

2. 输入考勤项目

经过上述操作之后，下面开始创建"月度考勤统计表"，其项目包括编号、姓名、请假天数、请假类别、迟到和早退、出差天数、实际出勤天数以及备注等。

（1）创建一个新的空白工作簿，将其命名为"月度考勤统计表"，再将工作表"Sheet1"重命名为"月度考勤统计表"，然后在工作表中输入考勤项目，并调整列宽，如图 5-59 所示。

图 5-59　创建月度考勤统计表

（2）在表格中输入相关的数据信息，并对输入的内容进行格式化设置，如图 5-60 所示。

图 5-60　输入数据并进行设置

3. 隐藏工作表网格线

为了使工作表更加美观清晰，可以将工作表的网格线隐藏起来。

具体操作步骤如下。

单击【视图】选项卡，在【显示】组中撤选【网格线】复选框，如图 5-61 所示。设置效果如图 5-62 所示。

图 5-61　隐藏网格线

图 5-62　设置效果

4. 计算员工请假天数

计算员工"请假天数"需要引用"员工签到表"中的数据信息，这里以计算"张一凡"员工的"请假天数"为例。具体的操作步骤如下。

（1）在"月度考勤统计表"工作表中选中单元格 C2，输入公式"=COUNTIF([员工签到表.xlsx]张一凡!\$D\$2:\$D\$32,"请假")"，或者输入"=COUNTIF("，然后打开本实例的"员工签到表"工作簿，单击"张一凡"工作表，选中单元格区域"D2:D32"，接着在编辑栏中输入"，"请假")，如图 5-63 所示。

图 5-63　输入公式统计请假天数

（2）按下【Enter】键返回"月度考勤统计表"工作簿，即可自动得出计算结果"1"。接下来按照相同的方法求出其他员工的"请假天数"，如图 5-64 所示。

图 5-64　计算结果

5. 使用数据有效性输入请假类别

员工"请假类别"包括6种：事假、病假、婚假、产假、丧假和公假。在输入"请假类别"时，可以使用数据有效性来定义单元格序列，这样就可以直接在下拉列表中选择所需的数据。具体的操作步骤如下。

（1）选中单元格区域"D2:D11"，单击【数据】选项卡，在【数据工具】组中单击【数据验证】按钮 ，如图5-65所示。

（2）弹出【数据验证】对话框，单击【设置】选项卡，在【允许】下拉列表中选择【序列】选项，在【来源】文本框中输入"事假,病假,婚假,产假,丧假,公假"，","为英文状态下的逗号，如图5-66所示。

图5-65　数据有效性

图5-66　设置【数据有效性】

（3）单击【输入信息】选项卡，在【输入信息】文本框中输入"请输入请假类别"，如图5-67所示。

（4）单击【出错警告】选项卡，在【样式】下拉列表中选择【警告】选项，在【标题】文本框中输入"输入错误"，在【错误信息】列表框中输入"您输入的请假类别有误，请从下拉列表中选择"，如图5-68所示。

图5-67　【输入信息】

图5-68　【出错警告】

（5）设置完毕后单击 确定 按钮，返回到工作表，此时单击设置了数据有效性的单元格，在其右侧就会出现一个下拉按钮 和提示信息"请输入请假类别"，如图5-69所示。

（6）单击下拉按钮 ，在弹出的下拉列表中选择请假类别，如图5-70所示。

（7）如果输入的请假类别不在设置的有效序列中，则会弹出【Microsoft Excel】提示对话框，提示输入错误，如图5-71所示。

（8）在单元格区域"D2:D11"中进行选择输入，效果如图5-72所示。

图 5-69　提示信息

图 5-70　在下拉列表中选择

图 5-71　【输入错误】对话框

图 5-72　选择输入数据

6. 统计员工迟到和早退次数

在"员工签到表"中已经使用符号"▲"标记出员工的迟到和早退，现在只需统计出含有标记符号的数目即可。具体的操作步骤如下。

（1）在"月度考勤统计表"工作表中选中单元格 E2，然后输入以下公式。

`=COUNTIF([员工签到表.xlsx]张一凡!$D$2:$D$32,"▲")`

（2）按下【Enter】键，即可统计出员工张一凡的"迟到和早退"。按照同样的方法可以统计出其他员工的"迟到和早退"，如图 5-73 所示。

图 5-73　输入公式并计算

7. 计算本月天数

计算"本月天数"的具体步骤如下。

（1）选中单元格 K2，然后输入以下公式。

```
=DAYS360(EOMONTH($K$1,-1),EOMONTH($K$1,0))
```

（2）输入完毕后按下【Enter】键，即可计算出"本月天数"。

8. 计算实际出勤天数

由于上面已经计算出"本月天数"，因此可以直接用"本月天数"减去"请假天数"。如果没有"本月天数"这一字段，则可使用 DAY 函数来计算。下面分别介绍使用这两种方法计算"实际出勤天数"。

（1）选中单元格 G2，然后输入公式"=$K$2-C2"，输入完毕后按下【Enter】键确认，即可求出计算结果，如图 5-74 所示。

图 5-74　计算实际出勤天数

（2）使用自动填充功能将此公式复制到单元格 G11 中，并设置单元格格式，如图 5-75 所示。

图 5-75　填充数据

5.2.3　美化月度考勤统计表

"月度考勤统计表"制作完成后，需要对其进行美化设置。例如，使用自动套用表格格式以及表样式进行美化等。

本实例的原始文件和最终效果所在位置如下		
	原始文件	素材\原始文件\05\月度考勤统计表 1.xlsx
	最终效果	素材\最终效果\05\月度考勤统计表 1.xlsx

1. 使用自动套用表格格式

Excel 2016 提供了自动套用格式的功能，用户可以直接套用这些格式。

（1）打开本实例的原始文件，选中单元格区域"A1:H11"，单击【开始】选项卡，然后单击【样式】组中的
【套用表格格式】按钮，在下拉菜单中选择【浅绿-表样式浅色 7】，如图 5-76 所示。

图 5-76 选择表样式

（2）选择完毕返回工作簿中，即可看到套用的表格样式，如图 5-77 所示。

图 5-77 设置效果

2. 新建表样式

建立新的表样式，可以对选定的单元格区域的字体、边框、图案等进行设置。

（1）单击【开始】选项卡，然后单击【样式】组中的 套用表格格式▾ 按钮，在下拉列表中选择【新建表样式】选项，弹出【新建表快速样式】对话框，如图 5-78 所示。

（2）此时【名称】默认为【表样式 1】，用户可以根据自己的需要进行修改，单击 按钮，弹出【设置单元格格式】对话框，单击【边框】选项卡，并进行设置，如图 5-79 所示。

图 5-78 【新建表样式】

图 5-79 设置表格边框

（3）单击【填充】选项卡，然后单击 填充效果(I)... 按钮，弹出【填充效果】对话框，如图 5-80 所示。

（4）在【颜色】组合框选中【双色】单选钮，然后在【颜色 1】下拉列表中选择【白色】选项，在【颜色 2】下拉列表中选择【绿色,个性色6,淡色40%】选项，在【底纹样式】组合框中选择【中心辐射】单选钮，如图 5-81 所示。

图 5-80 【填充效果】

图 5-81 设置【填充效果】

（5）单击 确定 按钮返回【设置单元格格式】对话框，如图 5-82 所示，再次单击 确定 按钮返回工作簿，即可完成对"表样式 1"样式的创建。

（6）选中单元格区域"A1:H1"，单击 套用表格格式 按钮，在下拉列表的【自定义】组中选择刚刚创建的表格样式【表样式 1】，如图 5-83 所示。此时便可看到套用此样式后的表格效果，如图 5-84 所示。（注：如果之前对表格进行了颜色填充，需将表格区域的填充效果设置为【无填充颜色】，否则样式中的填充背景将被填充颜色覆盖而无法显示）

（7）删除多余的样式。按照前面介绍的方法打开【套用表格格式】下拉列表，鼠标右键单击【自定义】组中的【表样式 1】，在弹出的快捷菜单中选择【删除】选项即可删除该样式。

图 5-82 返回【设置单元格格式】对话框

图 5-83 选择自定义表样式

图 5-84　设置效果

5.2.4 规范月度考勤统计表

为了使"月度考勤统计表"更加规范得体，需对其进行更细致的操作。例如，冻结工作表窗格以及添加说明信息版块等。

本实例的原始文件和最终效果所在位置如下		
	原始文件	素材\原始文件\05\月度考勤统计表 2.xlsx
	最终效果	素材\最终效果\05\月度考勤统计表 2.xlsx

1. 固定显示标题行

固定显示表格列标题、填写日期和本月天数 2 行区域的具体步骤如下。

（1）打开本实例的原始文件，选中单元格 A3，然后单击【视图】选项卡，再单击【窗口】组中的【冻结窗格】按钮，在下拉列表中选择【冻结拆分窗格】选项，如图 5-85 所示。

图 5-85　冻结拆分窗格

（2）工作表中出现一条黑色冻结线，在其上方的 2 行标题行都被"冻结"，如图 5-86 所示。在拖动垂直滚动条浏览窗格时，第 1 行至第 2 行的内容保持不变并且始终可见。

（3）按【Ctrl】+【Home】组合键即可快速定位到冻结线的位置。

2. 制作说明信息版块

在填写"月度考勤统计表"时，通常需要对一些事项做出说明，为此可以制作一个说明信息版块。具体的操作步骤如下。

（1）单击【插入】选项卡，然后单击【插图】组中的【形状】按钮，在弹出的下拉列表中选择【圆角矩形】选项。

图 5-86　冻结窗格后显示效果

（2）在工作表中的合适位置绘制一个圆角矩形，然后在该图形上单击鼠标右键，在弹出的快捷菜单中选择【编辑文字】菜单项，如图 5-87 所示。

（3）此时该图形处于可编辑状态，然后输入说明信息，并将字体设置为【仿宋】，字号设置为【11】，字形设置为【加粗】，字体颜色设置为【黑色】，如图 5-88 所示。

图 5-87　编辑文字

图 5-88　设置字体格式

（4）在图形上单击鼠标右键，在弹出的快捷菜单中选择【设置形状格式】菜单项，如图 5-89 所示。

（5）弹出【设置形状格式】任务窗格，单击【填充与线条】选项卡，在【填充】组合框中选择【渐变填充】选项，在【预设渐变】下拉列表中选择一种预设颜色，这里选择【顶部聚光-个性色 4】选项，在【方向】下拉列表中选择【从右下脚】，然后根据自己的喜好设置渐变颜色，如图 5-90 所示。

图 5-89　设置形状格式

图 5-90　设置填充效果

（6）单击【线条颜色】选项卡，选择【实线】单选钮，在【颜色】下拉列表中选择【橄榄色】选项，如图 5-91 所示。

（7）单击【大小与属性】选项卡，在【文本框】组合框中的【垂直对齐方式】下拉列表中选择【中部居中】选项，如图 5-92 所示。

图 5-91 设置【线条颜色】

图 5-92 设置文字对齐方式

（8）单击 [关闭] 按钮返回工作表，设置效果如图 5-93 所示。

图 5-93 设置效果

5.2.5 使用数据透视表和数据透视图

使用数据透视表和数据透视图对"月度考勤统计表"进行分析，可以更加直观、清晰地显示员工的数据信息。

本实例的原始文件和最终效果所在位置如下		
	原始文件	素材\原始文件\05\月度考勤统计表 3.xlsx
	最终效果	素材\最终效果\05\月度考勤统计表 3.xlsx

1. 创建数据透视表

使用数据透视表向导功能可以快速地创建数据透视表，具体的操作步骤如下。

（1）打开本实例的原始文件，单击【插入】选项卡，然后单击【表格】组中的【数据透视表】按钮，弹出

【创建数据透视表】对话框，将【表/区域】选择为单元格区域"B1:H11"，【位置】选择为单元格 A13，然后单击 确定 按钮返回到工作表，此时工作表中便插入了一张空白的数据透视表，如图 5-94 所示。

（2）在【数据透视表字段】任务窗格中将"姓名"拖至行标签处，将"请假天数"拖至列标签处，将"实际出勤天数"拖至值区域处，如图 5-95 所示。此时即可对"月度考勤统计表"中的"实际出勤天数"进行透视，如图 5-96 所示。

图 5-94　插入数据透视表

图 5-95　拖动字段到相应的区域

（3）单击【数据透视表工具】栏中的【设计】选项卡，然后单击【布局】组中的【报表布局】按钮，在下拉列表中选择【以表格形式显示】选项，效果如图 5-97 所示。

图 5-96　数据透视表

图 5-97　以表格形式显示数据透视表

2. 隐藏数据透视表中的汇总项

数据透视表中的汇总项是可以显示或者隐藏的，用户可以根据实际情况显示或者隐藏"列总计"和"行总计"。

（1）单击【数据透视表工具】栏中的【设计】选项卡，然后单击【布局】组中的【总计】按钮，在下拉列表中选择【对行和列禁用】选项。

（2）此时数据透视表中"列总计"项和"行总计"项都被隐藏起来，如图 5-98 所示。

3. 只显示要查看的数据项

默认情况下，数据透视表中每一个字段的下拉列表中选择的都是

图 5-98　隐藏"行总计"和"列总计"

【全部】选项，用户可以根据实际情况只显示需要查看的数据项。例如，在"月度考勤透视表"中只显示姓名为张一凡、田灵儿、萧媚、钟浩天、唐雪见和紫萱的出勤信息，具体的操作步骤如下。

（1）单击【姓名】字段右侧的下拉按钮 ▼ ，在弹出的下拉列表中取消选择【碧瑶】【陆雪琪】【洛高】【马晴】

等复选框，如图 5-99 所示。

（2）单击 确定 按钮，此时工作表中取消选择的项目都已被隐藏起来，如图 5-100 所示。

图 5-99　取消选择显示的项目

求和项:实际出勤天数	请假天数				
姓名	0	1	2	3	7
唐雪见				27	
田灵儿			28		
萧媚					23
张一凡		29			
钟浩天		29			
紫萱	30				

图 5-100　显示结果

4. 自动套用数据透视表格式

数据透视表创建完毕，接下来可以使用 Excel 提供的自动套用格式功能对其进行美化，以增加视觉效果。

（1）单击【数据透视表工具】栏中的【设计】选项卡，在【数据透视表样式】组中选择一种适合的表样式，当鼠标移动到相应的表样式上，数据透视表便会显示出套用后的预览效果，这里选择【浅绿-数据透视表样式中等深浅 14】选项，如图 5-101 所示。套用效果如图 5-102 所示。

图 5-101　选择数据透视表样式

（2）取消自动套用格式。单击【数据透视表工具】栏中的【设计】选项卡，然后单击【数据透视表样式】组右下角的【其他】按钮，在下拉列表中选择【清除】选项即可。清除效果如图 5-103 所示。

求和项:实际出勤天数	请假天数				
姓名	0	1	2	3	7
碧瑶		29			
陆雪琪		29			
洛高		29			
马晴				27	
唐雪见				27	
田灵儿			28		
萧媚					23
张一凡		29			
钟浩天		29			
紫萱	30				

图 5-102　套用效果

求和项:实际出勤天数	请假天数				
姓名	0	1	2	3	7
碧瑶		29			
陆雪琪		29			
洛高		29			
马晴				27	
唐雪见				27	
田灵儿			28		
萧媚					23
张一凡		29			
钟浩天		29			
紫萱	30				

图 5-103　清除表样式

5. 创建数据透视图

数据透视表创建完成，接下来可以在已有的数据透视表的基础上创建数据透视图，从而可以更直观、清晰地查看和分析表格数据。

（1）选中数据透视表中的任意一个单元格，然后单击【数据透视表工具】栏中的【分析】选项卡，再单击【工具】组中的【数据透视图】按钮，弹出【插入图表】对话框，选择【簇状柱形图】，然后单击 确定 按钮，如图5-104所示。

（2）此时工作表中便插入了一个数据透视图，如图5-105所示。

图5-104　选择图表类型

图5-105　数据透视图

5.3　产品存货月统计表

实例目标

对销售型或者生产型企业来说，对库存情况进行规范化的管理显得尤为重要。本节介绍企业存货月统计表的制作和分析管理，通过该表可以了解某种物品在特定时期的所有量，以及一段时间内的变动情况。本例制作完成的产品存货月统计表的最终效果如图5-106所示。

盘点时间	2017.8.31	填表人								
仓库主管		财务会计								
序号	名称	规格	上月存货量	本月进货数量	本月进货单价	本月进货总额	销货	本月销货单价	本月销货总	月存货数量
1	硬盘	三星60G	20	30	1500	45000	40	1700	68000	10
2	硬盘	日立70G	10	40	1600	64000	30	1900	57000	20
3	硬盘	方正90G	12	20	1800	36000	22	2000	44000	10
4	CPU	el2.93	11	10	1550	15500	13	1700	22100	8
5	CPU	el2.12	10	15	1400	21000	16	1600	25600	9
6	内存条	1G	50	60	150	9000	66	180	11880	44
7	内存条	512G	65	50	110	5500	46	130	5980	69
8	显示器	AF706	22	36	800	28800	42	990	41580	16
9	鼠标	PS/2	32	40	22	880	45	29	1305	27
10	键盘	SK300J	30	36	20	700	49	28	1372	16

名称	（全部）

值	列标签									
	1G	512G	AF706	Intel2.12GHz	Intel2.93GHz	MSK300JP	PS/2	方正90G	日立70G	三星60G	总计
求和项上月存货数量	50	65	22	10	11	30	32	12	10	20	262
求和项本月进货数量	60	50	36	15	10	35	40	20	40	30	336
求和项本月进货单价	150	110	800	1400	1550	20	22	1800	1600	1500	8952
求和项本月进货总额	9000	5500	28800	21000	15500	700	880	36000	64000	45000	226380
求和项本月进货总额2	9000	5500	28800	21000	15500	700	880	36000	64000	45000	226380
求和项本月销货数量	66	46	42	16	13	49	45	22	30	40	369
求和项本月销货单价	180	130	990	1600	1700	28	29	2000	1900	1700	10257
求和项本月销货总额	11880	5980	41580	25600	22100	1372	1305	44000	57000	68000	278817
求和项本月存货数量	44	69	16	9	8	16	27	16	20	10	229

图5-106　产品存货月统计表最终效果

实例解析

本例在制作之前，可以从以下几个方面进行分析和资料准备。

（1）确定产品存货月统计表的内容。产品存货月统计表中应该包含盘点时间、填表人、核审人、仓库主管、财务会计、仓库管理员，产品的序号、名称、规格、上月存货数量，本月进货的数量、单价、总额，本月销货的数量、单价、总额以及本月存货的数量等情况。

（2）制作产品存货月统计表。制作产品存货月统计表首先要输入表头和各项目及数据，然后对表格进行设置，利用函数进行相关计算，最后创建数据透视表。

（3）在表格中输入数据。本例中的数据输入主要涉及两种方式：一种是直接在单元格中输入，另一种是快速填充输入。

操作过程

结合上述分析，本例的制作思路如图 5-107 所示，涉及的知识点包括新建和重命名工作簿、在工作表中输入数据、数据填充、利用函数进行相关计算、编辑工作表、设置条件格式、插入数据透视表等内容。

图 5-107　产品存货月统计表制作思路

下面将具体讲解本例的制作过程。

5.3.1 设计存货月统计表

"存货月统计表"是企业对每个月的存货进行统计的记录表单。本小节首先介绍创建月统计表的操作步骤，然后设置相应的条件格式。

本实例的原始文件和最终效果所在位置如下	
原始文件	无
最终效果	素材\最终效果\05\月统计表 1.xlsx

1．创建月统计表

"存货月统计表"主要包括企业物品上月存货、本月进货、本月销货和本月存货的数量等内容。

（1）创建一个新的空白工作簿"月统计表.xlsx"，将工作表"Sheet1"重命名为"存货月统计表"，然后输入基本的表格内容，如图 5-108 所示。

（2）根据盘点时间的物品进销存状况，在工作表中输入相应的内容，如图 5-109 所示。

图 5-108　创建工作簿并重命名和输入基本内容

图 5-109　在工作表中输入相应内容

（3）按照前面介绍的方法，对表格的字体、填充颜色、边框等进行设置，得到图 5-110 所示的样式。

图 5-110　对表格进行设置

2．设置条件格式

为了使工作表中的重要内容更醒目地显示出来，可以利用条件格式将其设置为特殊的显示状态，以便查看和引起注意。

例如，对统计表中"本月销货数量"不低于 50 的单元格设置条件格式，以便清晰地显示本月的销货数量状况，为后期购进货物提供参考。具体的操作步骤如下。

（1）单击【开始】选项卡，然后单击【样式】组中的 条件格式 按钮，在下拉列表中选择【突出显示单元格规则】，然后在弹出的联级菜单中选择【大于】选项，如图 5-111 所示。

（2）弹出【大于】对话框，在【为大于以下值的单元格设置格式】文本框中输入"50"，在【设置为】下拉列表中选择【浅红填充色深红色文本】，如图 5-112 所示。

图 5-111　选择【大于】条件格式

图 5-112　编辑【大于】对话框

（3）单击 确定 按钮返回到工作表，此时可以发现本月销货数量大于 50 的记录显示为设置的特殊格式，如图 5-113 所示。

（4）如果要删除条件格式，可以先选中单元格区域，然后单击 条件格式 按钮，在下拉列表中选择【清除规则】选项，然后在弹出的联级菜单中选择【清除整个工作表的规则】选项，如图 5-114 所示。

图 5-113　【条件格式】设置效果

图 5-114　删除条件格式

5.3.2　分析存货月统计表

本小节使用公式统计"存货月统计表"中的"总额"项和"本月存货数量"项，然后为其创建数据透视表，快速查看和分析表中的数据。

1．计算"总额"和"本月存货数量"

在进行计算之前，需要先明确相应的计算公式，即"本月进货总额=本月进货单价*本月进货数量"，"本月销货总额=本月销货单价*本月销货数量"，"本月存货数量=上月存货数量+本月进货数量−本月销货数量"。

本实例的原始文件和最终效果所在位置如下		
	原始文件	素材\原始文件\05\月统计表 1.xlsx
	最终效果	素材\最终效果\05\月统计表 1.xlsx

（1）打开本实例的原始文件，首先计算"本月进货总额"项。在单元格 G4 中输入公式"=F4*E4"，如图 5-115 所示。

（2）输入完毕按下【Enter】键即可得到显示结果，然后选中单元格 G4，利用鼠标拖动的方法将公式填充到单元格 G13 中。接下来计算"本月销货总额"，即在单元格 J4 中输入公式"=I4*H4"，如图 5-116 所示。

图 5-115　在单元格 G4 中输入公式　　　　　　　图 5-116　填充计算结果并在单元格 J4 中输入公式

（3）按【Enter】键即可得到显示结果，同样利用鼠标拖动的方法将公式填充到单元格 J13。然后计算"本月存货数量"，即在单元格 K4 中输入公式"=D4+E4-H4"，如图 5-117 所示。

（4）按【Enter】键即可得到显示结果，然后利用鼠标拖动的方法将公式填充到单元格 K13，如图 5-118 所示。

图 5-117　在单元格 K4 中输入公式　　　　　　　　　图 5-118　填充计算结果

2. 创建数据透视表

创建数据透视表后用户可以快捷地分析数据报表。

本实例的原始文件和最终效果所在位置如下	
原始文件	素材\原始文件\05\月统计表 2.xlsx
最终效果	素材\最终效果\05\月统计表 2.xlsx

（1）打开本实例的原始文件，由于合并单元格区域后的工作表无法创建数据透视表，所以为了便于创建数据透视表，如果在本实例的原始文件中有合并单元格，可以对"存货月统计表"进行取消合并单元格的操作，如图 5-119 所示。

（2）鼠标选中单元格 A18，然后单击【插入】选项卡，再单击【表格】组中的【数据透视表】按钮的上部分按钮，弹出【创建数据透视表】对话框，在【表/区域】文本框中输入："存货月统计表!$B$3:$K$13"，【位置】默认为单元格"A18"，如图 5-120 所示。

（3）单击 确定 按钮返回工作表，此时工作表中插入了一个空白的数据透视表，如图 5-121 所示。

（4）将【名称】按钮添加到【筛选】区域，将【规格】按钮添加到【列标签】区域，将其他按钮依次添加到

【数值】区域，将出现的【数值】字段拖动到【行标签】区域，如图 5-122 所示。

（5）此时创建的数据透视表如图 5-123 所示。

图 5-119　取消合并单元格

图 5-120　编辑【创建数据透视表】对话框

图 5-121　空白数据透视表

图 5-122　将各字段添加到相应区域

图 5-123　设置后的数据透视表

（6）此时用户还可以单独查看各名称项的数据信息。例如，查看 CPU 中各种规格所对应的数据信息及汇总情况，可以单击【名称】字段右侧单元格中的下拉按钮，在弹出的下拉列表中选择【CPU】选项，如图 5-124 所示。

（7）单击 确定 按钮，即可在数据透视表中显示出关于 CPU 的各项数据信息，如图 5-125 所示。

图 5-124　选择名称项

图 5-125　单独查看名称项信息

1. 打开【习题】文件夹中的表格文件："练习题/原始文件/05/【2012 年上半年各项费用支出】"，并按以下要求进行设置。

（1）利用函数公式计算出"合计"与"平均"两行的数值。

（2）将标题文本字体设置为【华文隶书】【18】号，为表格第 1 行和第 1 列文本设置【加粗】的文字效果。将表格第 1 行、第 8 行、第 9 行分别填充为"蓝色""黄色"和"橙色"。

（3）使用"定义名称"功能将单元格区域"B3:G3""B4:G4""B5:G5""B6:G6""B7:G7"分别定义为"xzzy""sjsrycl""rsgl""sbjc""hjmhqj"。

（4）在右侧的表格"查询各项费用支出总额"中编辑函数公式后，用其查询项目"rsgl"的支出总额。

（最终效果见："练习题/最终效果/05/【2012 年上半年各项费用支出】"）

2. 打开【习题】文件夹中的表格文件："练习题/原始文件/05/【2012 年上半年各项费用支出 1】"，并按以下要求进行设置。

（1）选中表格区域"A2:G7"，然后在图表下方插入一张折线图，并将图表移动至单元格区域"A12:G26"中。

（2）将图表图例设置为项目，横坐标设置为月份。

（3）将图表纵坐标轴最小值设置为 4000。

（4）将图表背景设置为【熊熊火焰】，将每条折线的数据表设置为圆形，并填充为与线条相同的颜色。

（最终效果见："练习题/最终效果/05/【2012 年上半年各项费用支出 1】"）

3. 打开【习题】文件夹中的表格文件："练习题/原始文件/05/【近三年各地区销售量统计】"，并按以下要求进行设置。

（1）利用函数计算出各区域销量的合计并将数据添加至相应的单元格区域中。

（2）利用条件格式功能突出显示大于 2500 的数据文本，显示为"浅红色填充深红色文本"。

（3）为单元格区域"K4:K8"设置数据有效性，序列来源为"L5800、N6200、M5900、C8900"。

（4）为图表中的数据系列添加三维效果【圆】【金属效果】。将图例移至图表的右上角，并设置阴影效果【右下角偏移】。

（最终效果见："练习题/最终效果/05/【近三年各地区销售量统计】"）

4．打开【习题】文件夹中的表格文件：“练习题/原始文件/05/【近三年各地区销售量统计 1】”，并按以下要求进行设置。

（1）在单元格“A18”的位置插入数据透视表，数据源区域为“A3:G15”,【行标签】为“年度”和“季度”，各地区项为【数值】。

（2）以表格形式显示数据透视表。

（3）套用数据透视表样式为“数据透视表样式中等深浅 13”。

（4）利用数据透视表筛选出第一季度和第二季度的数据。

（最终效果见：“练习题/最终效果/05/【近三年各地区销售量统计 1】”）

第6章

Excel 数据排序、筛选与汇总

数据的排序、筛选与分类汇总是 Excel 中经常使用的几种功能。通过这些功能，用户可以快速地完成表格中的相关操作。本章通过几个实例介绍数据排序、筛选与分类汇总等功能的使用方法。

6.1 物料验收单

实例目标

企业对物料进行申请、购买后，需要根据企业的相关规定填写物料验收单。本节将介绍制作物料验收单的方法，以及相关项目的计算、汇总等操作。图 6-1 所示为物料验收单最终效果。

	代号	名称	规格	单位	数量	单价	总价	请购单位	供货厂商	购买时间	备注
1			单号						填写日期		
3	WP007	工作服	170/165	件	20	¥60.00	¥1,200.00	资材部	**制农厂	2017/5/14	各10件
4							¥1,200.00		**制农厂 汇总		0
5	WP002	包装盒	中	个	3000	¥0.30	¥900.00	生产部	**加工厂	2017/5/16	
6							¥900.00		**加工厂 汇总		0
7	WP008	打印纸	A4	包	30	¥55.00	¥1,650.00	资材部	**批发部	2017/5/18	
8							¥1,650.00		**批发部 汇总		0
9	WP001	钢线	D 0.01mm	包	20	¥3,000.00	¥60,000.00	生产部	TTLED	2017/5/8	
10	WP003	钢线	D 0.03mm	包	12	¥2,800.00	¥33,600.00	生产部	TTLED	2017/5/12	
11	WP004	工业酒精	浓度80%	瓶	16	¥10.00	¥160.00	生产部	TTLED	2017/5/16	
12	WP005	钢线	D 0.5mm	包	33	¥3,100.00	¥102,300.00	生产部	TTLED	2017/5/20	
13	WP006	包装盒	大	个	2500	¥0.35	¥875.00	生产部	TTLED	2017/5/22	
14							¥196,935.00		TTLED 汇总		0
15							¥200,685.00		总计		0
16	批示		部门主管			品管单位			收料单位	采购单位	

图 6-1　物料验收单最终效果

实例解析

本例在制作之前，可以从以下几个方面进行分析和资料准备。

（1）确定物料验收单的内容。物料验收单应该包含单号、填写日期，物品的代号、名称、规格、单位、数量、单价、总价、请购单位、供货厂商、购买时间、备注，批示、部门主管、品管单位、收料单位、采购单位等情况。

（2）制作物料验收单。制作物料验收单首先要输入各项目及数据，然后对单元格进行设置，对工作表进行排序、分类汇总。

（3）在表格中输入数据。本例中的数据输入主要涉及两种方式，一种是直接在单元格中输入，另一种是快速填充输入。

操作过程

结合上述分析，本例的制作思路如图 6-2 所示，涉及的知识点有新建和重命名工作簿、在工作表中输入数据、设置单元格格式、自定义排序、利用函数进行相关计算、数据填充、分类汇总。

① 新建工作簿并重命名，改变标签颜色　　　　② 输入数据并对表格进行设置

图 6-2　物料验收单制作思路

④ 自定义排序　　　　　　　　　③ 设置货币形式

⑤ 利用函数计算【总价】并填充数据　　　　⑥ 分类汇总

图 6-2　物料验收单制作思路（续）

下面将具体讲解本例的制作过程。

6.1.1　制作物料验收单

本小节介绍物料验收单的创建及其美化过程。

本实例的原始文件和最终效果所在位置如下	
原始文件	无
最终效果	素材\最终效果\06\物料验收单.xlsx

具体操作步骤如下。

（1）新建一个空白工作簿"物料验收单.xlsx"，接着在工作表标签"Sheet1"上双击鼠标，使其处于可编辑状态，然后将工作表重命名为"物料验收单"。在重命名的工作表标签上单击鼠标右键，在弹出的快捷菜单中选择【工作表标签颜色】菜单项，在弹出的级联菜单中选择【绿色】选项，如图 6-3 所示。

（2）在工作表中输入表格列标题和相关数据等信息，并适当地调整单元格的列宽，如图 6-4 所示。

图 6-3　设置工作表标签颜色

图 6-4　输入数据信息并调整列宽

（3）对表格进行适当的美化。选中单元格 C1 与 I1，将【字体】设置为【隶书】，【字号】设置为【14】号。

（4）将单元格区域 "A2:K2" 和 "A11:K11" 的字体设置为【黑体】；【字号】设置为【12】号【字体颜色】为【褐色】（褐色 RGB 为 89、74、58）；【填充颜色】设置为【浅黄】（浅黄色 RGB 为 255、248、223）；然后为表格添加边框，并设置其行高列宽，如图 6-5 所示。

（5）选中单元格区域 "F3:F10"，单击鼠标右键，在弹出的快捷菜单中选择【设置单元格格式】菜单项，如图 6-6 所示。

图 6-5　设置单元格格式

图 6-6　选择【设置单元格格式】

（6）弹出【设置单元格格式】对话框，单击【数字】选项卡，在【分类】列表框中选择【货币】选项，在右侧的【小数位数】微调框中输入【2】，如图 6-7 所示，然后单击　确定　按钮即可完成设置。

（7）至此就完成了 "物料验收单" 的创建及其相应的格式设置，效果如图 6-8 所示。

图 6-7　设置货币格式

图 6-8　设置效果

6.1.2 ｜ 自定义排序

本小节使用自定义排序的方法对 "物料验收单" 进行排序，使其更加清晰化。

本实例的原始文件和最终效果所在位置如下		
原始文件	素材\原始文件\06\物料验收单 1.xlsx	
最终效果	素材\最终效果\06\物料验收单 1.xlsx	

（1）打开本实例的原始文件，选中单元格区域"A3:K10，单击【开始】选项卡，单击【编辑】组中的【排序和筛选】按钮，在下拉列表中选择【自定义排序】选项，如图 6-9 所示。

（2）弹出【排序】对话框，单击 添加条件(A) 按钮，出现【次要关键字】组，在【主要关键字】下拉列表中选择【供货厂商】，在【次要关键字】下拉列表中选择【购买时间】，【排序依据】保持【单元格值】不变，【次序】选择【升序】，如图 6-10 所示。

图 6-9　选择【自定义排序】

（3）单击【主要关键字】的【次序】下拉列表右侧下拉按钮▼，在下拉列表中选择【自定义序列】选项，如图 6-11 所示。

图 6-10　编辑【排序】对话框

图 6-11　选择【自定义序列】

（4）弹出【自定义序列】对话框，如图 6-12 所示，在【输入序列】文本框中按顺序输入供货厂商的名称（注：名称之间分隔的逗号必须是英文半角），单击 添加(A) 按钮，即可将其添加到【自定义序列】列表框中，然后选中该序列，如图 6-13 所示，单击 确定 按钮返回【排序】对话框。

图 6-12　添加新序列

图 6-13　返回【排序】对话框

（5）单击 确定 按钮返回工作表，排序效果如图 6-14 所示。

图 6-14　排序效果

6.1.3 进行分类汇总

本小节首先利用公式计算各物料的"总价"。其中，"总价=单价*数量"，然后将分类字段设置为"供货厂商"，对"总价"进行分类汇总。

本实例的原始文件和最终效果所在位置如下	
原始文件	素材\原始文件\06\物料验收单 2.xlsx
最终效果	素材\最终效果\06\物料验收单 2.xlsx

（1）打开本实例的原始文件，首先计算"总价"项。在单元格 G3 中输入公式"=E3*F3"，如图 6-15 所示。

（2）按【Enter】键，即可显示计算结果。然后选中单元格 G3，利用鼠标拖动的方法，将公式填充到单元格 G10 中，如图 6-16 所示。

图 6-15 在单元格内输入公式	图 6-16 填充计算结果

（3）分类汇总。选中单元格区域"A2:K10"，单击【数据】选项卡，然后单击【分级显示】组中的【分类汇总】按钮，弹出【分类汇总】对话框，如图 6-17 所示，在【分类字段】下拉列表中选择【供货厂商】选项，在【汇总方式】下拉列表中选择【求和】选项，在【选定汇总项】列表框中选中【总价】复选框，其他选项保持默认设置。

（4）单击 确定 按钮，即可实现对所选区域的分类汇总，如图 6-18 所示。

图 6-17 设置【分类汇总】对话框

图 6-18 分类汇总设置效果

（5）此时可以看到工作表中有 3 个分级显示按钮 1 2 3，利用分级按钮可以快速查看汇总数据。单击一级分级按钮 1 或者第一层隐藏按钮 —，系统将只显示一级分类记录，如图 6-19 所示。

图 6-19　只显示一级分类记录

（6）单击二级分级按钮 2 或者第二层隐藏按钮 −，系统将只显示二级分类记录，如图 6-20 所示。

图 6-20　只显示二级分类记录

（7）二级分类数据中共包含 4 个显示按钮，单击第一个显示按钮 +，工作表中将只显示第一层二级分类记录，并且显示按钮 + 会随即变为隐藏按钮 −，如图 6-21 所示。

图 6-21　只显示第一层二级分类记录

（8）单击三级分级按钮 3 或者第三层隐藏按钮 −，系统将显示三级分类记录，即全部的分类记录。如果用户想取消分类汇总的显示结果，可以在选中数据区域的任意一个单元格后，单击 按钮，此时会弹出【Microsoft Excel】提示对话框，单击 确定 按钮，如图 6-22 所示。

（9）弹出【分类汇总】对话框，从中单击 全部删除(R) 按钮即可，如图 6-23 所示。

图 6-23　删除分类汇总

图 6-22　【Microsoft Excel】提示对话框

提示

　　用户也可以选中汇总区域，即单元格区域"A2:K15"，然后选择【数据】➢【分类汇总】菜单项，直接弹出【分类汇总】对话框，同样单击 全部删除(R) 按钮即可取消分类汇总。

6.2 员工业绩奖金表

实例目标

　　员工的业绩情况直接影响企业的发展水平。为了能够提高在市场中的竞争力，企业可以实行"基本工资+业绩奖金"的工资制度，这样有利于提高员工的工作积极性并发挥其最大潜能。

　　本节使用 Excel 制作员工业绩奖金表，如图 6-24 所示，并对员工奖金表进行管理。

员工编号	姓名	本月销售额	奖出比例	本月业绩奖金	月累计销售	月累计销售额	计销额	奖出额
1001	董清	¥3,500	16%	¥560	¥1,100	¥4,600	¥0	¥560
1002	朱雨辰	¥2,600	12%	¥312	¥2,600	¥5,200	¥0	¥312
1003	夏丹	¥3,800	20%	¥760	¥1,800	¥5,600	¥0	¥760
1004	李良杰	¥4,900	20%	¥980	¥2,900	¥7,800	¥0	¥980
1005	孟颖	¥5,000	20%	¥1,000	¥2,800	¥7,800	¥0	¥1,000
1006	刘御	¥6,000	20%	¥1,200	¥1,200	¥7,200	¥0	¥1,200
1007	陈青阳	¥5,200	20%	¥1,040	¥3,600	¥8,800	¥1,000	¥2,040
1008	梅艳芳	¥3,700	20%	¥740	¥2,400	¥6,100	¥0	¥740
1009	张子涵	¥5,100	20%	¥1,020	¥1,500	¥6,600	¥0	¥1,020
1010	楚雨诺	¥2,580	12%	¥310	¥3,100	¥5,680	¥0	¥310
1011	苏湘云	¥5,900	20%	¥1,180	¥2,000	¥7,900	¥0	¥1,180
1012	鹿美玲	¥1,560	8%	¥125	¥2,600	¥4,160	¥0	¥125
1013	高飞	¥1,200	8%	¥96	¥2,050	¥3,250	¥0	¥96
1014	张涵予	¥2,100	10%	¥210	¥3,600	¥5,700	¥0	¥210
1015	陈紫函	¥3,500	16%	¥560	¥2,500	¥6,000	¥0	¥560
1016	刘兴兴	¥1,100	8%	¥88	¥1,600	¥2,700	¥0	¥88
1017	赵阳	¥1,090	8%	¥87	¥3,800	¥4,890	¥0	¥87
1018	李英爱	¥900	8%	¥72	¥2,100	¥3,000	¥0	¥72
1019	钟少秋	¥1,600	8%	¥128	¥1,600	¥3,200	¥0	¥128
1020	米蕾	¥4,200	20%	¥840	¥1,600	¥5,800	¥0	¥840

员工编号	求和项:本月业绩奖金	求和项:上月业绩奖金	求和项:本月销售额	求和项:上月累计销售额
1001与1020的业绩差额	¥280.0	¥200.0	¥700.0	¥500.0
1020	¥840.0	¥320.0	¥4,200.0	¥1,600.0
1019	¥128.0	¥128.0	¥1,600.0	¥1,600.0

图 6-24　员工业绩奖金表最终效果

实例解析

　　本例在制作之前，可以从以下几个方面进行分析和资料准备。

（1）确定员工业绩奖金表的内容。员工业绩奖金表中应该包含员工编号、姓名、本月销售额、奖金比例、本月业绩奖金、上月累计销售额、本月累计销售、累计销售奖金、奖金总计等情况。

（2）制作员工业绩奖金表。制作员工业绩奖金表首先要输入各项目及数据，然后对单元格进行设置，对工作表进行排序、分类汇总。

（3）在表格中输入数据。本例中的数据输入主要涉及两种方式，一种是直接在单元格中输入，另一种是快速填充输入。

操作过程

结合上述分析，本例的制作思路如图 6-25 所示，涉及的知识点有新建和重命名工作簿、在工作表中输入数据、设置单元格格式、自定义排序、利用函数进行相关计算、数据填充、分类汇总。

① 创建并编辑奖金规范工作表　　② 输入数据并设置表格

③ 利用公式进行相关计算

④ 创建数据透视表

图 6-25　员工业绩奖金表制作思路

⑤ 在数据透视表中插入新项目　　　　　　　　　⑥ 设置自动刷新数据透视表

图 6-25　员工业绩奖金表制作思路（续）

6.2.1　创建员工业绩奖金表

在不同的企业中，有着不同的奖金规范，员工根据此规范获得应有的奖励，从而激发员工不断创新的积极性。

本实例的原始文件和最终效果所在位置如下	
原始文件	无
最终效果	素材\最终效果\06\员工业绩奖金表.xlsx

1. 插入员工奖金制度

在制作"员工业绩奖金表"之前，首先需要制定相关的奖金规范标准，如表 6-1 所示。

表 6-1　　　　　　　　　　　　　　　　奖金规范标准

业绩销售额	奖金比例
<1500	8%
1500~2000	10%
2500~3000	12%
3500~4000	16%
>4000	20%

根据表中所列的业绩奖金规范，使用 Excel 制作"业绩奖金表"的具体步骤如下。

（1）启动 Excel 2016 创建一个新的空白工作簿，将其保存为"员工业绩奖金表"，然后将工作表"Sheet1"重命名为"员工业绩奖金表"，将工作表"Sheet2"重命名为"业绩奖金规范标准"。

（2）切换到"业绩奖金规范标准"工作表，在表格中输入业绩奖金规范标准的信息，并对表格进行格式化设置，如图 6-26 所示。

2. 输入员工业绩奖金信息

下面要做的就是在"员工业绩奖金表"工作表中输入员工的业绩信息，具体的操作步骤如下。

（1）切换到工作表"员工业绩奖金表"中，根据实际情况输入员工编号、姓名、本月销售额和上月累计销售额等数据信息，然后设置字体格式和对齐方式，如图6-27所示。

图6-26　创建并重命名工作表，输入信息并设置表格

（2）设置单元格格式。选中单元格区域"C2:C20"，然后按住【Ctrl】键不放的同时用鼠标选中单元格区域"F2:I20"，切换到【开始】选项卡，单击【字体】组右下角的【对话框启动器】按钮，弹出【设置单元格格式】对话框，单击【数字】选项卡，在【分类】列表框中选择【货币】选项，在【小数位数】微调框中输入数值"0"，其他选项保持默认设置，如图6-28所示。

图6-27　输入数据信息

图6-28　设置货币格式

（3）单击 确定 按钮返回工作表，即可将数值转换为货币形式，如图6-29所示。

图6-29　表格设置效果

6.2.2 输入奖金各项字段公式

"员工业绩奖金表"的基本框架设计完成后，接下来要计算奖金的各项字段。例如，计算员工的奖金比例、本月业绩奖金、本月累计销售、累计销售奖金、奖金总计等。

本实例的原始文件和最终效果所在位置如下	
原始文件	素材\原始文件\06\员工业绩奖金表 1.xlsx
最终效果	素材\最终效果\06\员工业绩奖金表 1.xlsx

1. 相关函数

在计算"员工业绩奖金表"的各项目数据时，需要用到 HLOOKUP 函数，下面介绍该函数的相关知识。

HLOOKUP 函数的语法格式：

`HLOOKUP(lookup_value,table_array,row_index_num,range_lookup)`

该函数的功能是在数组区域的首行查找指定的数值，并由此返回数组区域当前列中指定行处的数值。

lookup_value 是指需要在数据表第 1 行中进行查找的数值，可以为数值、引用或文本字符串；table_array 表示需要在其中查找数据的数据表，可以使用对区域或区域名称的引用；row_index_num 是指 table_array 中，需要返回的匹配值的行序号；range_lookup 表示一个逻辑值，指明函数 HLOOKUP 查找时是精确匹配，还是近似匹配。参数说明如表 6-2 所示。

表 6-2　　　　　　　　　　　　　参数说明

参数	为以下数值时	返回值
row_index_num	1	table_array 第 1 行的数值
	2	table_array 第 2 行的数值，依次类推
row_index_num	小于 1	返回错误值#VALUE!
	小于 table_array 的行数	返回错误值#REF!
range_lookup	TRUE 或省略	返回小于 lookup_value 的最大数值
	FALSE	将查找精确匹配值，如果找不到，则返回错误值#N/A

需要说明的是，如果 HLOOKUP 函数找不到 lookup_value，且 range_lookup 为 TRUE，则使用小于 lookup_value 的最大值；如果 HLOOKUP 函数小于 table_array 第 1 行中的最小数值，函数 HLOOKUP 则返回错误值#N/A。

2. 计算奖金比例

员工的业绩"奖金比例"需要从"业绩奖金规范标准"工作表中查找，然后再输入奖金比例。具体的操作步骤如下。

（1）切换到"员工业绩奖金表"工作表中，在单元格 D2 中输入以下公式。

`=HLOOKUP(C2,业绩奖金规范标准!$B$2:$F$3,2)`

此公式的含义：在"业绩奖金规范标准"工作表的单元格区域"B2:F3"中查找单元格 C2，然后返回同列中第 2 行的值。

（2）输入完毕，按下【Enter】键确认输入，即可求出计算结果，如图 6-30 所示。

（3）使用自动填充功能将此公式复制到单元格 D20 中，然后选中单元格区域"D2:D20"，按照前面介绍的方法，弹出【设置单元格格式】对话框，切换到【数字】选项卡，在【分类】列表框中选择【百分比】选项，在【小数位数】微调框中输入数值"0"，如图 6-31 所示。

（4）单击 确定 按钮返回工作表，即可看到设置的"奖金比例"效果。

图 6-30 输入公式计算奖金比例 　　　　　　　　图 6-31 设置【百分比】格式

3. 计算本月业绩奖金

（1）在单元格 E2 中输入以下公式。输入完毕，按下【Enter】键确认输入。

```
=C2*D2
```

（2）使用自动填充功能，将此公式填充至单元格 E20 即可，填充完成后计算结果如图 6-32 所示。

4. 计算本月累计销售额

本月累计销售额实际上就是"本月销售额"与"上月累计销售额"之和，具体的操作步骤如下。

（1）在单元格 G2 中输入以下公式。输入完毕，按下【Enter】键确认输入。

```
=C2+F2
```

（2）使用自动填充功能，将此公式填充至单元格 G20 即可，填充完成后计算结果如图 6-33 所示。

图 6-32 计算"本月业绩奖金"并填充计算结果 　　图 6-33 计算"本月累计销售额"并填充计算结果

5. 计算累计销售奖金

当本月累计销售额大于 8000 元时才能获得"累计销售奖金"。下面根据这一条件来计算员工的"累计销售奖金"。

（1）在单元格 H2 中输入以下公式。输入完毕，按下【Enter】键确认输入。

```
=IF(G2>8000,1000,0)
```

（2）使用自动填充功能，将此公式填充至单元格 H20 即可，填充完成后计算结果如图 6-34 所示。

6. 计算奖金总额

"本月业绩奖金"加上"累计销售奖金"即为员工的"奖金总计"。

（1）在单元格 I2 中输入以下公式，输入完毕后，按下【Enter】键确认输入。

=E2+H2

（2）使用自动填充功能将此公式复制到单元格 I20 中即可，如图 6-35 所示。

图 6-34　计算"累计销售奖金"并填充计算结果　　　图 6-35　计算"奖金总计"并填充计算结果

6.2.3　使用列表排序或筛选数据

"员工业绩奖金表"创建完毕后，可以使用 Excel 2016 提供的列表功能对员工的业绩奖金情况进行快速的排序与筛选。

本实例的原始文件和最终效果所在位置如下	
原始文件	素材\原始文件\06\员工业绩奖金表 2.xlsx
最终效果	素材\最终效果\06\员工业绩奖金表 2.xlsx

1．创建列表并使用列表排序

使用列表功能可以快速地对指定的字段进行排序，具体操作步骤如下。

（1）打开本实例的原始文件，选中"员工业绩奖金表"工作表中含有数据的任意一个单元格，然后切换到【数据】选项卡，单击【排序和筛选】组中的【筛选】按钮。

（2）此时每一个列标题的右侧均会出现一个下拉按钮，即可完成列表的创建，如图 6-36 所示。

（3）单击"奖金总计"列标题右侧的下拉按钮，在弹出的下拉列表中选择【降序排列】选项，系统即可对员工的"奖金总计"进行降序排列，如图 6-37 所示。

图 6-36　筛选排列　　　　　　　　　　　　　图 6-37　排序结果

2．使用列表筛选符合条件的信息

用户可以使用列表功能自定义筛选符合条件的记录，下面以筛选出"奖金比例"在 8%～20% 之间的员工业绩信息为例进行介绍。

（1）单击"奖金比例"列标题右侧的下拉按钮，在弹出的下拉列表中选择【数字筛选】选项，在弹出的子菜单中选择【介于】选项，如图 6-38 所示。

（2）弹出【自定义自动筛选方式】对话框，在【显示行】组合框中的【奖金比例】下拉列表中选择【大于】选项，在其右侧的下拉列表中选择【8%】选项，然后选中【与】单选钮，接着在下一行的第 1 个下拉列表中选择【小于】选项，在其右侧的下拉列表中选择【20%】选项，如图 6-39 所示。

图 6-38 选择筛选方式

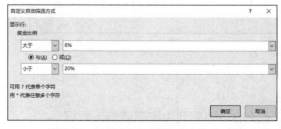

图 6-39 编辑【自定义筛选方式】对话框

（3）单击 确定 按钮，即可显示出符合条件的员工业绩信息，如图 6-40 所示。

图 6-40 筛选结果

6.2.4 创建业绩奖金数据透视表

由于"员工业绩奖金表"的数据信息比较多，要查看或者比较员工的业绩奖金信息时会比较麻烦。为此可以创建数据透视表将员工的业绩奖金信息分门别类地存放在一张动态报表中，再进行计算与分析。

本实例的原始文件和最终效果所在位置如下		
原始文件	素材\原始文件\06\员工业绩奖金表 3.xlsx	
最终效果	素材\最终效果\06\员工业绩奖金表 3.xlsx	

1. 创建动态的数据透视表

使用动态的数据透视表可以使用户对透视表的源数据做出更改。例如，在数据源中追加新的记录、修改源数据等，这为查看和比较透视表数据提供了更便捷的服务。

Excel 2016 提供的列表对数据源自动扩展，可以创建动态的数据透视表。具体的操作步骤如下。

（1）打开本实例的原始文件，由于已经创建了数据列表，因此只需在此基础上再创建数据透视表即可。选中创建的列表中的任意一个单元格，切换到【插入】选项卡，单击【表格】组中的【数据透视表】按钮的上半部分按钮，弹出【创建数据透视表】对话框，如图 6-41 所示。

（2）在【表/区域】文本框中选择单元格区域"A1:I20"，【位置】文本框中选择单元格 A23，然后单击

确定 按钮。

（3）此时系统会自动在新的工作表中创建一个空白的数据透视表，然后在弹出的【数据透视表字段列表】任务窗格中将各项目拖至相应的位置区域，如图6-42所示。

图6-41　编辑【创建数据透视表】对话框

图6-42　将各项目拖至相应的位置区域

（4）完成的数据透视表如图6-43所示。

图6-43　数据透视表

（5）数据透视表创建完成后，可以向"员工业绩奖金表"中添加记录。在表格的最后1行追加1条员工编号为"1020"、姓名为"米莱"以及其他字段信息的记录，如图6-44所示。

（6）在数据透视表中单击鼠标右键，在弹出的快捷菜单中选择【刷新】菜单项，如图6-45所示。

图6-44　追加数据信息

图6-45　刷新数据透视表

（7）此时即可在数据透视表中显示出追加的数据信息，如图6-46所示。

图 6-46　刷新后的数据透视表

2. 更改透视表数字格式

默认状态下，数据透视表中的数据都是以常规形式显示的，其实用户可以将透视表中的数据更改为所需的数字格式。下面以将数据透视表中的"求和项：本月业绩奖金"和"总计"项目中的数据更改为货币形式为例加以介绍。

（1）将【员工编号】拖至【行】，将【姓名】拖至【列】，然后选中需要设置数字格式的单元格区域"B24:V45"，单击鼠标右键，在弹出的快捷菜单中选择【设置单元格格式】菜单项，如图 6-47 所示。

图 6-47　设置单元格格式

（2）弹出【单元格格式】对话框，单击【数字】选项卡，在【分类】列表框中选择【货币】选项，在【小数位数】微调框中，将数值调整为"1"，其他选项保持默认设置，如图 6-48 所示。

（3）单击 确定 按钮，即可将所选单元格区域中的数字转换为货币形式，如图 6-49 所示。

图 6-48　设置货币格式

图6-49　货币格式设置效果

3. 对数据透视表字段排序

用户可以对数据透视表中的字段进行排序，具体的操作步骤如下。

（1）单击"行标签"右侧的下拉按钮，在弹出的下拉列表中选择【降序】选项，如图6-50所示。

（2）此时即可按照"行标签（员工编号）"降序排列员工的业绩奖金信息，如图6-51所示。

图6-50　选择降序排列

图6-51　按员工编号降序排列结果

4. 数据透视表的组合

数据透视表中的项目组合功能是一项非常特殊的功能，它可以将某几个项目组合在一起，生成到新的项目组中。下面将"员工编号"中的1001～1010、1011～1021分别组合在一起，合称为"B组"。具体的操作步骤如下。

（1）在数据透视表中选中单元格区域"A35:A44"，然后单击鼠标右键，在弹出的快捷菜单中选择【组合】菜单项，如图6-52所示。

（2）将透视表以表格形式显示，会看到系统会自动创建一个新的字段，标题为"员工编号2"，并将选中的单元格区域合并到新的"数据组1"项目中，如图6-53所示。

图6-52　创建组

图6-53　创建"数据组1"

（3）使用相同的方法将单元格区域"A25:A34"合并到"数据组2"中，如图6-54所示。

| 求和项:奖金总计 列标签 | | | | | | | | | | | | | | | | | | | | | |
行标签	陈育阳	陈紫菡	楚雨诺	董清	高飞	李良杰	李英爱	刘兴兴	刘御	梅艳芳	孟颜	苏湘云	滕美玲	夏丹	张涌予	张子通	赵阳	钟少秋	朱雨辰	米莱	总计
数据组2	¥560.0				¥96.0	¥72.0	¥88.0					¥1,180.0	¥124.8		¥210.0	¥87.2		¥128.0		¥840.0		¥3,386.0
1020																			¥840.0		¥840.0
1019																		¥128.0			¥128.0
1018						¥72.0															¥72.0
1017																¥87.2					¥87.2
1016							¥88.0														¥88.0
1015	¥560.0																				¥560.0
1014															¥210.0						¥210.0
1013					¥96.0																¥96.0
1012													¥124.8								¥124.8
1011												¥1,180.0									¥1,180.0
数据组1	¥2,040.0	¥309.6	¥560.0	¥980.0		¥1,200.0	¥740.0	¥1,000.0						¥760.0	¥1,020.0		¥312.0				¥8,921.6
1010		¥309.6																			¥309.6
1009															¥1,020.0						¥1,020.0
1008							¥740.0														¥740.0
1007	¥2,040.0																				¥2,040.0
1006						¥1,200.0															¥1,200.0
1005								¥1,000.0													¥1,000.0
1004				¥980.0																	¥980.0
1003														¥760.0							¥760.0
1002																	¥312.0				¥312.0
1001			¥560.0																		¥560.0
总计	¥2,040.0	¥560.0	¥309.6	¥560.0	¥96.0	¥980.0	¥72.0	¥88.0	¥1,200.0	¥740.0	¥1,000.0	¥1,180.0	¥124.8	¥760.0	¥210.0	¥1,020.0	¥87.2	¥128.0	¥312.0	¥840.0	¥12,307.6

图6-54　组合显示效果

5. 数据透视表中的公式计算

在数据透视表中可以使用公式计算的方法添加计算字段或计算项。计算字段是指通过对表格中含有的字段进行计算后得到的新字段。计算项是指在已有的字段中添加新的项，是通过对该字段现有的其他项计算后得到的。

无论是添加了字段还是项，系统都允许在表格中使用它们，它们就像是在数据源中真实存在的一样。

●使用计算字段

下面以添加并计算"上月业绩奖金"项目为例，介绍使用计算字段添加项目的方法。

① 将【本月业绩奖金】字段拖动到【数值】区域，取消选择【奖金总计】字段，将【列标签】中的【姓名】字段取消（见图6-55），单击【计算】组中的 按钮，在下拉列表中选择【计算字段】选项，如图6-56所示。

图6-55　编辑【数据透视表字段列表】

图6-56　选择【计算字段】

② 弹出【插入计算字段】对话框，在【名称】下拉列表文本框中输入"上月业绩奖金"，在【公式】文本框中清除数字"0"，然后在【字段】列表框中双击【上月累计销售额】选项，在【公式】文本框中输入"*"，接着在【字段】列表框中双击【奖金比例】选项，此时【公式】文本框中会显示出公式，单击 添加(A) 按钮，如图6-57所示。

③ 单击 确定 按钮，返回数据透视表，此时创建了一个新的"上月业绩奖金"字段，如图6-58所示。

图 6-57　编辑【插入计算字段】对话框

图 6-58　添加项目设置效果

● 使用计算项

下面以在数据透视表中添加"1001 与 1020 的业绩差额"计算项为例加以介绍。

（1）设计数据透视表布局。在创建计算项之前，首先设计数据透视表的布局，以便能够清晰、明了地读取和比较数据透视表中的数据信息。具体的操作步骤如下。

① 取消组合状态。在数据组 1 上单击鼠标右键，在弹出的快捷菜单中选择【取消组合】菜单项，取消数据组 1 的组合状态，然后使用同样的方法取消数据组 2 的组合状态，如图 6-59 所示。

② 将【数值】字段拖动到【列标签】区域，此时"求和项：本月业绩奖金"和"求和项：上月业绩奖金"两个数据字段会并排显示在数据透视表中，如图 6-60 所示。

图 6-59　取消组合状态

图 6-60　将【数值】字段拖动到【列标签】区域

（2）添加"1001 与 1020 的业绩差额"计算项。如果想在数据透视表中查看员工编号为"1001"和"1020"之间的业绩奖金与销售差额情况，可以在数据透视表中添加"1001 与 1020 的业绩差额"计算项。具体的操作步骤如下。

① 将【本月销售额】和【上月累计销售额】两个字段拖至数据透视表的【值】区域，然后选中【员工编号】字段，切换到【数据透视表工具】选项卡的【分析】选项卡，单击【计算】组中的 按钮，在下拉菜单中选择【计算项】菜单项。

② 弹出【在"员工编号"中插入计算字段】对话框，在【名称】下拉列表文本框中输入名称"1001 与 1020 的业绩差额"，在【公式】文本框中清除数字"0"，然后在【字段】列表框中选择【员工编号】选项，在【项】列表框中双击【1020】选项，输入"-"，接着在【项】列表框中双击【1001】选项，再单击 添加(A) 按钮，

如图6-61所示。

图6-61 编辑【在"员工编号"中插入计算字段】对话框

③ 单击 确定 按钮，返回数据透视表，此时即可显示出添加的"1001与1020的业绩差额"计算项，如图6-62所示。

图6-62 插入"1001与1020的业绩差额"计算项

（3）显示出数据透视表中使用的公式。为了方便修改和查看添加计算字段或计算项使用的公式，可以将其一一列出。具体的操作步骤如下。

① 切换到【数据透视表工具】栏中的【分析】选项卡，单击【计算】组中的 按钮，在下拉列表中选择【列出公式】选项。

② 此时系统会在新的工作表中显示出计算字段或计算数据项所使用的公式，如图6-63所示。

图6-63 列出数据透视表中使用的公式

6. 刷新数据透视表

当表中的数据信息发生变化时，数据透视表中的数据不会随即发生改变。为此用户除了手动刷新数据透视表外，还可以设置在打开数据透视表时自动刷新透视表数据。具体的操作步骤如下。

（1）在数据透视表中的任意一个单元格上单击鼠标右键，在弹出的快捷菜单中选择【数据透视表选项】菜单项，如图 6-64 所示。

（2）弹出【数据透视表选项】对话框，切换到【数据】选项卡，在【数据透视表数据】组合框中选中【打开文件时刷新数据】复选框，然后单击 确定 按钮，这样用户在打开文件时，系统就会自动刷新数据透视表中的数据，如图 6-65 所示。

图 6-64 选择【数据透视表选项】

图 6-65 编辑【数据透视表选项】对话框

1．打开【习题】文件夹中的表格文件："练习题/原始文件/06/【超市饮料类货物进货明细】"，并按以下要求进行设置。

（1）将单元格区域"A1:I1"合并且居中，将标题字体设置为【隶书】；【字号】设置为【18】号单元格区域"A2:I2"字体设置为【11】号【黑体】；其他区域数据字体设置为【仿宋】；【字号】设置为【11】号。

（2）将标题单元格填充为【淡绿色】；将单元格区域"A2:I2"填充为【黄色】；将"单价"列数据设置为货币格式，保留两位小数，自动调整单元格列宽并使字体居中对齐。

（3）根据"供货厂商"进行自定义排序，顺序为"汇源，雀巢，统一，康师傅，娃哈哈，可口可乐"。

（4）以"供货厂商"为主要关键字，以"进货时间"为次要关键字对表格进行升序排列。

（最终效果："练习题/最终效果/06/【超市饮料类货物进货明细】"）

2．打开【习题】文件夹中的表格文件："练习题/原始文件/06/【超市饮料类货物进货明细 1】"，并按以下要求进行设置。

（1）计算出"总价"列的数据并将其设置为货币格式（注：总价=单价*数量）。

（2）根据"供货厂商"对"总价"进行分类汇总。

（3）将表格的汇总显示设置为只显示二级分类记录。

（4）隐藏表格中的网格线。

（最终效果："练习题/最终效果/06/【超市饮料类货物进货明细 1】"）

3. 打开【习题】文件夹中的表格文件："练习题/原始文件/06/【会员消费返利表】"，并按以下要求进行设置。

（1）隐藏工作表中的网格线，并将【本月消费额】和【本月累计消费额】列的数据设置为货币格式，保留 0 位小数。

（2）利用函数计算出【返利比率】，并将其设置为百分比格式。【小数位数】为 0，然后计算出【本月返利金额】和【本月累计消费额】并填充。

（3）当本月累计消费金额大于 5000 时，能够获得 200 的"累计消费返利"，利用公式计算出"累计消费返利"，然后计算出"返利总计"并填充。

（4）根据"本月消费额"对工作表进行降序排列，然后筛选出"返利总计"大于 200 的会员信息。

（最终效果见："练习题/最终效果/06/【会员消费返利表】"）

4. 打开【习题】文件夹中的表格文件："练习题/原始文件/06/【会员消费返利表 1】"，并按以下要求进行设置。

（1）在工作表中插入数据透视表，"姓名"为行标签，"会员编号"为列标签，"返利总计"为数值，并以表格形式显示数据透视表。

（2）在"会员消费返利表"中插入一条名为"虞姬"的新信息，并刷新数据透视表，然后将数据透视表中的数字设置为货币格式。

（3）将会员编号 1-10 组合成一个数据组，编号 11-20 组合成一个数据组。在数据透视表中插入新的计算字段"上月消费返利"（注：上月消费返利=上月累计消费额*返利比率）。

（4）显示出数据透视表中使用的公式。将数据透视表设置为"打开数据透视表时自动刷新数据透视表"。

（最终效果见："练习题/最终效果/06/【会员消费返利表 1】"）

第7章

Excel 数据处理与分析

Excel 具有强大的数据处理和数据分析功能，其中包括合并计算、单变量求解、模拟运算以及规划求解等。恰当地使用这些功能可以极大地提高日常办公中的工作效率。本章通过几个实例介绍这些功能的使用方法。

7.1 销售利润提成表

 实例目标

销售利润提成表是企业记录销售利润的表单，如图 7-1 所示，对销售利润进行记录是企业进行销售管理的重要组成部分。本节将介绍销售利润提成表的相关计算。

图 7-1 销售利润提成表最终效果

 实例解析

本例在制作之前，可以从以下几个方面进行分析和资料准备。

（1）确定销售利润提成表的内容。销售利润提成表中应该包含姓名、售出数量、单价、销售额、提成利润、提成额、借支、上期存入提成、发广告单、职位等情况。

（2）制作销售利润提成表。制作销售利润提成表首先要输入各项目名称及数据，然后对单元格进行设置，对工作表进行排序、分类汇总。

（3）在表格中输入数据。本例中的数据输入主要涉及两种方式：一种是直接在单元格中输入，另一种是快速填充输入。

操作过程

综上所述，本例的制作思路如图 7-2 所示，涉及的知识点包括在工作表中输入数据、设置单元格格式、利用公式进行计算、数据填充、合并计算、数据筛选、单变量求解等。

① 利用公式计算各项目数据并填充   ② 计算"提成利润分配"并填充

图 7-2 销售利润提成表制作思路

④ 创建"销售利润"工作表并进行相关计算

③ 合并计算"提成额"

⑤ 单变量求解

⑥ 自定义筛选

⑦ 高级筛选

图 7-2　销售利润提成表制作思路（续）

下面将具体讲解本例的制作过程。

7.1.1　使用合并计算功能计算提成工资

使用合并计算功能可以将每个单独工作表中的数据合并计算到一个工作表中，也可以合并计算到工作簿中，以便能够更容易地对数据进行定期或者不定期的更新和汇总。下面介绍使用合并计算功能处理销售利润提成表的方法。

本实例的原始文件和最终效果所在位置如下		
	原始文件	素材\原始文件\07\销售利润提成表.xlsx
	最终效果	素材\最终效果\07\销售利润提成表.xlsx

在使用合并计算功能计算"提成额"之前，首先计算"销售额""提成利润"和"职位"等项目。

（1）计算"销售额"。打开本实例的原始文件，单击"销售利润提成表"工作表，在单元格 D3 中输入以下公式。

=B3*C3

输入完毕按下【Enter】键确认输入，然后使用鼠标拖动的方法将此公式复制到单元格 D12 中，接着将单元格区域"D3:D12"的数字格式设置为货币形式，并保留 1 位小数，如图 7-3 所示。

图 7-3　计算"销售额"并设置货币格式

（2）计算"职位"。选中单元格 K3，然后输入以下公式。

=VLOOKUP(A3,成员分配表!$A$2:$C$11,2)

输入完毕按下【Enter】键确认输入，然后使用鼠标拖动的方法将此公式复制到单元格 K12 中，如图 7-4 所示。

（3）计算"提成利润"。单击"成员分配表"工作表，在单元格 C2 中输入以下公式。

=IF(B2="组长",7.5%,6%)

输入完毕按下【Enter】键确认输入，然后使用鼠标拖动的方法将此公式复制到单元格 C11 中，接着将单元格区域"C2:C11"的数字格式设置为百分比形式，并保留 1 位小数，如图 7-5 所示。

图 7-4　计算"职位"并填充　　　　　　图 7-5　计算"提成利润分配"并填充

（4）单击"销售利润提成表"工作表，在单元格 E3 中输入以下公式。

=J3*VLOOKUP(A3,成员分配表!$A$2:$C$11,3)

输入完毕按下【Enter】键确认输入，然后使用鼠标拖动的方法将此公式复制到单元格 E12 中，接着将单元格区域"E3:E12"的数字格式设置为货币形式，并保留 1 位小数，如图 7-6 所示。

（5）使用合并计算功能计算"提成额"。选中单元格区域"F3:F12"，单击【数据】选项卡，然后单击【数据工具】组中的 合并计算 按钮。

（6）弹出【合并计算】对话框，在【函数】下拉列表中选择【求和】选项，然后单击【引用位置】文本框右侧的【折叠】按钮，如图 7-7 所示。

图 7-6　计算"提成利润"并填充

图 7-7　【合并计算】对话框

（7）此时该对话框处于折叠状态，在工作表中选中单元格区域"H3:H12"，此时选中的单元格区域显示在【合并计算 - 引用位置：】对话框中，选择完毕单击【展开】按钮，如图 7-8 所示。

（8）展开【合并计算】对话框，然后单击　添加(A)　按钮，即可将选定的单元格区域"H3:H12"添加到【所有引用位置】列表框中，接着再次单击【引用位置】文本框右侧的【折叠】按钮，如图 7-9 所示。

图 7-8　选择引用位置

图 7-9　添加【所有引用位置】

（9）在工作表中选中单元格区域"E3:E12"，然后单击【展开】按钮，展开【合并计算】对话框，单击　添加(A)　按钮，设置完毕单击　确定　按钮，如图 7-10 所示。

（10）返回工作表中即可求出"提成额"，然后将单元格区域"F3:F12"的数字格式设置为货币形式，并保留 1 位小数，如图 7-11 所示。

图 7-10　再次添加【所有引用位置】

图 7-11　计算"提成额"并填充公式

7.1.2　利用单变量求解实现利润最大化

利用 Excel 2016 的单变量求解功能可以在给定公式的前提下，通过调整可变单元格中的数值来寻求目标单元格中的目标值。本小节使用单变量求解来实现提成利润的最大化。

本实例的原始文件和最终效果所在位置如下	
原始文件	素材\原始文件\07\销售利润提成表 1.xlsx
最终效果	素材\最终效果\07\销售利润提成表 1.xlsx

在使用单变量求解计算利润之前，首先需要在目标单元格中输入相关公式。具体的操作步骤如下。

（1）打开本实例的原始文件，将工作表"Sheet3"重命名为"销售利润"，然后输入标题和相关数据，并设置单元格的格式，隐藏工作表中的网格线，如图 7-12 所示。

（2）计算"总成本"。选中单元格 F2，输入以下公式。

=C2*E2

输入完毕按下【Enter】键确认输入，然后使用鼠标拖动的方法将此公式复制到单元格 F4 中，如图 7-13 所示。

图 7-12　新建工作表并输入数据，设置单元格格式

图 7-13　计算"总成本"并填充公式

（3）计算"利润"。选中单元格 G2，输入以下公式。

=D2-F2

输入完毕按下【Enter】键确认输入，然后使用鼠标拖动的方法将此公式复制到单元格 G4 中，如图 7-14 所示。

图 7-14　计算"利润"并填充公式

（4）公式输入完毕，接下来求解"当产品 A 的利润达到 10,000 时售出的数量是多少。"选中单元格 G2，然后选择切换到【数据】选项卡，单击【预测】组中的【模拟分析】按钮，在下拉菜单中选择【单变量求解】菜单项，如图 7-15 所示。

（5）随即弹出【单变量求解】对话框，在【目标单元格】文本框中输入"$G$2"，在【目标值】文本框中输入"10,000"，在【可变单元格】文本框中输入"$C$2"，然后单击　　确定　　按钮，如图 7-16 所示。

图 7-15　选择【单变量求解】

图 7-16　编辑【单变量求解】对话框

（6）弹出【单变量求解状态】对话框，显示出对单元格 G2 进行单变量求解得到的结果，单击 确定 按钮，如图 7-17 所示。

（7）返回工作表，即可看到使用单变量求解得出的结果，如图 7-18 所示。

图 7-17　【单变量求解状态】对话框

图 7-18　【单变量求解】结果

7.1.3　筛选销售利润表

为了更好地了解销售利润情况，还需要对销售利润表进行比较和分析。本小节介绍对销售利润数据进行筛选的方法。

本实例的原始文件和最终效果所在位置如下		
	原始文件	素材\原始文件\07\销售利润提成表 2.xlsx
	最终效果	素材\最终效果\07\销售利润提成表 2.xlsx

1. 自定义筛选销售提成额

下面使用自定义筛选的方法筛选提成额为 100～150 元的记录，具体的操作步骤如下。

（1）打开本实例的原始文件，切换到"销售利润提成表"工作表中，首先计算"存入总计"，由于"存入总计 = 销售额 − 提成额"，所以在单元格 I3 中输入公式"=D3-F3"，如图 7-19 所示。

图 7-19　计算【存入总计】并填充公式

（2）输入完毕按下【Enter】键确认输入，然后使用鼠标拖动的方法将此公式复制到单元格 I12 中。

（3）计算"总计"。选中单元格 B13，然后切换到【公式】选项卡，单击【函数库】组中的 Σ自动求和 ▼ 按钮，系统会自动对单元格区域"B4:B12"求和，然后按下【Enter】键确认输入，如图 7-20 所示。

图 7-20　使用【自动求和】计算【总计】

（4）将公式填充至"K13"单元格。由于在筛选数据时"总计"行用不到，因此可以将其隐藏起来。在第 13 行的行号上单击鼠标右键，在弹出的快捷菜单中选择【隐藏】菜单项即可，如图 7-21 所示。

图 7-21　隐藏单元格

（5）选中单元格区域"A2:K2"，切换到【数据】选项卡，单击【排序和筛选】组中的【筛选】按钮 。

（6）此时在每个列标题的右下侧都会出现一个下拉按钮 ，单击【提成额】右侧的下拉按钮 ，在弹出的下拉列表中选择【数字筛选】，然后在弹出的联级菜单中选择【自定义筛选】菜单项，如图 7-22 所示。

图 7-22　选择【自定义筛选】

（7）随即弹出【自定义自动筛选方式】对话框，在【提成额】下拉列表中选择【大于】选项，在其右侧的文本框中输入"100"，然后选中【与】单选钮，在其下面的下拉列表中选择【小于】选项，在其右侧的文本框中输入"150"，单击 确定 按钮，如图 7-23 所示。

图 7-23　编辑【自定义自动筛选方式】对话框

（8）此时，工作表中会显示提成额为 100～150 元的销售记录，如图 7-24 所示。

2. 高级筛选多个条件

当用户要筛选多个条件时，自动筛选功能就会显得很麻烦，此时可以使用高级筛选。在进行高级筛选之前，首先要在工作表中设置筛选条件，建立一个条件区域，用于存放筛选数据所满足的条件。假设这里要筛选"售出数量"大于 15，"销售额"大于 500，"提成额"大于 100 的销售记录。具体的操作步骤如下。

（1）取消前面的自定义筛选。直接单击【筛选】按钮 即可。在第 2 行行号上单击鼠标右键，在弹出的快捷菜单中选择【插入】菜单项，如图 7-25 所示，即可在列标题的前面插入一空行，如图 7-26 所示。

图7-24　自定义筛选结果

图7-25　插入空行

图7-26　插入效果

（2）建立筛选条件的条件区域。在单元格区域"C18:E19"中输入要查询的条件，如图7-27所示。

（3）切换到【数据】选项卡，单击【排序和筛选】组中的 高级 按钮，随即弹出【高级筛选】对话框，在【方式】组合框中选中【在原有区域显示筛选结果】单选钮，在【列表区域】文本框中输入"销售利润提成表!$A$3:$K$13"，在【条件区域】文本框中输入"销售利润提成表!$C$18:$E$19"，然后单击 确定 按钮，如图7-28所示。

图7-27　建立筛选条件区域

图7-28　编辑【高级筛选】对话框

（4）返回工作表，即在原有的数据区域显示筛选结果，如图7-29所示。

（5）在设置【高级筛选】对话框时，如果在【方式】组合框中选中【将筛选结果复制到其他位置】单选钮，系统则会自动在【条件区域】文本框的下面出现一个【复制到】文本框，然后在图7-30所示的文本框中输入相应的引用区域，输入完毕单击 确定 按钮即可。

图 7-29　高级筛选结果　　　　　　　　　　　图 7-30　将筛选结果复制到其他区域

（6）返回工作表中，系统会自动在自定义的单元格区域内显示筛选结果，如图 7-31 所示。

图 7-31　最终筛选结果

7.2　客户预订及销售进度表单

实例目标

客户预订及销售进度表单是企业记录客户预订产品以及产品销售进度的表格，如图 7-32 所示。本节将介绍客户预订及销售进度表单的制作、使用模拟运算计算相关数据以及保护工作簿等方法。

图 7-32　客户预订及销售进度表单最终效果

实例解析

本例在制作之前，可以从以下几个方面进行分析和资料准备。

（1）确定客户预订及销售进度表单的内容。客户预订及销售进度表单中应该包含地区、月份、制表人等情况。

（2）制作客户预订及销售进度表单。制作客户预订及销售进度表单首先要输入各项目及数据，然后对单元格进行设置，对工作表进行排序、分类汇总。

（3）在表格中输入数据。本例中的数据输入主要涉及两种方式，一种是直接在单元格中输入；另一种是快速填充输入。

操作过程

结合上述分析，本例的制作思路如图7-33所示，涉及的知识点有在工作表中输入数据、设置单元格格式、利用公式进行计算、数据填充、合并计算、数据筛选、单变量求解等。

图7-33　客户预订及销售进度表单制作思路

7.2.1 使用模拟运算

在客户预订及销售进度表中，如果要查看公式中某些数值的变化对计算结果的影响，可以创建一个单元格区域，使用模拟运算表来查找和比较数据。

本实例的原始文件和最终效果所在位置如下		
原始文件	无	
最终效果	素材\最终效果\07\客户预定及销售进度表单.xlsx	

1. 单变量模拟运算

使用单变量模拟运算表可以查看一个变量对一个或者多个公式的影响。下面使用单变量模拟运算的方法来实现在实际额不变、预订额变化的条件下对完成预定比例的影响，具体的操作步骤如下。

（1）创建一个空白工作簿，将其以"客户预订及销售进度表单.xlsx"为名称保存在适当的位置。将工作表"Sheet1"重命名为"客户预订及销售进度表单"，然后输入标题、列标题以及相关数据信息，并设置单元格格式和表格的列宽值，隐藏工作表的网格线，如图 7-34 所示。

（2）首先计算"完成预订（%）"。在单元格 F7 中输入公式"=E7/D7"，输入完毕单击【Enter】键确认输入，然后使用鼠标拖动的方法将此公式复制到单元格 F11 中，如图 7-35 所示。

图 7-34　创建和重命名工作表，输入数据并设置单元格　　　　图 7-35　计算"完成预订"并设置为百分比格式

（3）计算"合计"。在单元格 C12 中输入公式"=SUM(C7:C11)"，输入完毕单击【Enter】键确认输入，然后使用鼠标拖动的方法将此公式复制到单元格 J12 中，删除单元格 F12 中的数据，接着将单元格区域"C12:E12"中的数字形式设置为货币形式，无小数位数，如图 7-36 所示。

（4）建立单变量模拟表区域。首先分别在单元格区域"C14:D16"和"C18:D22"中输入相关的数据信息。选中单元格 D16 和 D19，然后输入公式"=$D$14/$D$15"，按下【Ctrl】+【Enter】组合键确认输入，即可同时计算出完成预订额，如图 7-37 所示。

图 7-36　计算"合计"并填充公式，设置数字格式　　　　图 7-37　建立单变量模拟表区域并计算完成预订额

（5）选中需要进行模拟运算的单元格区域"C19:D22"，然后切换到【数据】选项卡，单击【预测】组中的【模拟分析】按钮，在下拉列表中选择【模拟运算表】选项，如图 7-38 所示。

（6）弹出【模拟运算表】对话框，将光标定位在【输入引用列的单元格】中，出现闪烁的竖条，然后单击"D15"单元格，此时选中的单元格 D15 即显示在文本框中（用户也可使用前面介绍过的【折叠】和【展开】按钮选择目标单元格），然后单击 确定 按钮，如图 7-39 所示。

图 7-38　选择【模拟运算表】　　　　　　　　　图 7-39　编辑【模拟运算表】

（7）此时即可看到创建的单变量模拟运算表，从中可以看出不同"预订"下的"完成预订（%）"情况，如图 7-40 所示。

图 7-40　模拟运算结果

2. 双变量模拟运算

如果在预订额和实际额都给定的条件下，查看完成预订比例所受到的影响，就可以通过双变量模拟运算表来实现。具体的操作步骤如下。

（1）在工作表的单元格区域"F17:L23"中建立基本表格，并设置单元格格式。接着分别在单元格区域"H18:L18"和"G19:G23"中输入本月份的预订销售额和实际销售额，然后在单元格 G18 中输入公式"=$D$14/$D$15"计算结果，如图 7-41 所示。

（2）选中作为模拟运算表的单元格区域"G18:L23"，然后单击【模拟运算表】菜单项，弹出【模拟运算表】对话框，在【输入引用行的单元格】文本框中输入"$D$15"，在【输入引用列的单元格】文本框中输入"$D$14"，如图 7-42 所示。

图 7-41 利用公式计算 "完成预定（%）"　　　　图 7-42 编辑【模拟运算表】对话框

（3）单击 [确定] 按钮，返回工作表，此时即可看出 "预订额" 和 "实际额" 对计算结果 "完成预订（%）" 的影响，如图 7-43 所示。

图 7-43 模拟运算结果

（4）当用户对模拟运算表中的数据进行修改、删除或者移动时，就会弹出【Microsoft Excel】提示对话框，提示用户不能更改模拟运算表中的某部分数据，如图 7-44 所示。

（5）如果要删除模拟运算表中的数据，需要先按下【Esc】键，选中单元格区域 "H19:L23"，然后按下【Delete】键即可。用户也可以选中单元格区域 "F17:L23"，然后选择【编辑】➤【清除】➤【全部内容】菜单项，将整个模拟运算表清除，如图 7-45 所示。

图 7-44 系统提示

图 7-45 删除模拟运算

7.2.2 保护客户预订及销售进度表

为了防止他人查看或者更改客户 "预订及销售进度表" 中的数据信息，可以对整个工作表进行保护，也可以对工作表中的部分单元格数据进行保护。

本实例的原始文件和最终效果所在位置如下	
原始文件	素材\原始文件\07\客户预订及销售进度表单1.xlsx
最终效果	素材\最终效果\07\客户预订及销售进度表单1.xlsx

1. 允许对指定区域进行编辑

默认情况下，单元格处于锁定状态，由于系统只对锁定的单元格起保护作用，因此在这里不需要设定。

假设用户对"客户预订及销售进度表"进行保护后，只允许对单元格区域"C7:K12"进行编辑，可以首先设置允许用户编辑的区域，然后再对工作表进行保护。具体的操作步骤如下。

（1）打开本实例的原始文件，选中单元格区域"C7:K12"，然后切换到【审阅】选项卡，单击【包含】组中的【允许编辑区域】按钮，随即弹出【允许用户编辑区域】对话框，单击 新建(N)... 按钮，如图7-46所示。

（2）弹出【新区域】对话框，在【引用单元格】文本框中显示出选中的单元格区域"C7:K12"，在【区域密码】文本框中输入密码"123"，然后单击 确定 按钮，如图7-47所示。

图7-46　编辑【允许用户编辑区域】对话框

图7-47　编辑【新区域】对话框

（3）弹出【确认密码】对话框，在【重新输入密码】文本框中再次输入密码"123"，然后单击 确定 按钮，如图7-48所示。

（4）返回【允许用户编辑区域】对话框，此时在【工作表受保护时使用密码取消锁定的区域】列表框中会显示标题名和引用单元格，然后单击 保护工作表(O)... 按钮，如图7-49所示。

图7-48　确认密码

图7-49　单击【保护工作表】

（5）弹出【保护工作表】对话框，选中【保护工作表及锁定的单元格内容】复选框，在【取消工作表保护时使用的密码】文本框中输入密码"000"，在【允许此工作表的所有用户进行】列表框中选中【选定锁定单元格】和【选定未锁定的单元格】两个复选框，单击 确定 按钮，如图7-50所示。

（6）弹出【确认密码】对话框，在【重新输入密码】文本框中再次输入密码"000"，然后单击 确定 按钮。此时，当用户对单元格区域"C7:K12"中的数据进行编辑时，就会弹出【取消锁定区域】对话框，然后在【请输入密码以更改此单元格】文本框中输入正确的密码"123"，如图7-51所示。

图 7-50　编辑【保护工作表】对话框

图 7-51　【取消锁定区域】

（7）单击 [确定] 按钮，即可对单元格区域"C7:K12"中的数据进行编辑。如果用户对工作表中的单元格区域"C7:K12"以外的区域进行编辑，例如，要修改单元格 E3 中的数值，则会弹出【Microsoft Excel】提示对话框，提示用户需要撤销对工作表的保护，如图 7-52 所示。

图 7-52　提示用户需要撤销工作表

（8）单击 [确定] 按钮，返回工作表中，然后单击【保护】组中的 [撤销工作表保护] 按钮，随即弹出【撤销工作表保护】对话框，在【密码】文本框中输入密码"000"，单击 [确定] 按钮即可对工作表进行编辑，如图 7-53 所示。

图 7-53　【撤销工作表保护】对话框

2. 保护客户预订及销售进度表工作簿

为了避免其他用户在"客户预订及销售进度单"工作簿中对某个工作表进行编辑，可以对整个工作簿进行保护。具体的操作步骤如下。

（1）单击【保护】组中的 [保护工作簿] 按钮，随即弹出【保护结构和窗口】对话框，在【保护工作簿】组合框中选中【结构】复选框，在【密码（可选）】文本框中输入密码"111"，然后单击 [确定] 按钮，如图 7-54 所示。

（2）弹出【确认密码】对话框，在【重新输入密码】文本框中再次输入密码"111"，如图 7-55 所示。

图 7-54　编辑【保护结构和窗口】对话框

图 7-55　确认密码

（3）单击 确定 按钮，返回工作表，此时在某个工作表标签上单击鼠标右键，在弹出的快捷菜单中可以看到某些操作命令是不可用的，如图 7-56 所示。

图 7-56　保护工作簿后某些操作命令不可用

3. 设置打开工作簿时加密

当工作簿中的信息比较重要，不希望他人打开时，可以设置打开工作簿时加密。具体的操作步骤如下。

（1）单击 文件 按钮，从弹出的界面中选择【另存为】选项，弹出【另存为】界面，在此界面中选择【浏览】选项，弹出【另存为】对话框，选择合适的存放文件的位置，然后单击 工具(L) ▾ 按钮，在弹出的下拉列表中选择【常规选项】选项，如图 7-57 所示。

（2）弹出【常规选项】对话框，在【文件共享】组合框中的【打开权限密码】文本框中输入密码"123456"，然后单击 确定 按钮，如图 7-58 所示。

图 7-57　选择【常规选项】

图 7-58　输入打开权限密码

（3）弹出【确认密码】对话框，在【重新输入密码】文本框中再次输入密码"123456"，单击 确定 按钮，如图 7-59 所示。

（4）返回【另存为】对话框中，然后单击 保存(S) 按钮。关闭"客户预订及销售进度表单 1"工作簿，当用户再次打开该工作簿时，就会弹出【密码】对话框，在【密码】文本框中输入正确的密码"123456"，单击 确定 按钮即可进入该工作簿，如图 7-60 所示。

（5）如果要取消打开工作簿时输入密码，可以按照上面介绍的方法打开【常规选项】对话框，删除【文件共享】组合框中的【打开权限密码】文本框中的密码，然后单击 确定 按钮返回【另存为】对话框，保存即可。

图 7-59　确认密码

图 7-60　【密码】对话框

1．打开【习题】文件夹中的表格文件："练习题/原始文件/07/【客户订购详单】"，并按以下要求进行设置。

（1）切换到"客户订购详单"工作表，并利用公式计算出"金额"列的数值（金额=订购数量*单价）。

（2）切换到"会员等级表"工作表，根据会员的等级，利用函数公式计算出"折扣率"列的数值，等级 A 为"85%"，等级 B 为"90%"。

（3）利用 VLOOKUP 函数在"客户订购详单"工作表中的"会员等级"列中返回"会员等级表"中的会员等级信息。

（4）将"单价""金额""上期欠款"等列中的数值变为货币形式，保留两位小数点。

（最终效果见："练习题/最终效果/07/【客户订购详单】"）

2．打开【习题】文件夹中的表格文件"练习题/原始文件/07/【客户订购详单 1】"，并按以下要求进行设置。

（1）切换到"客户订购详单"工作表，利用函数公式计算出"折后金额"列的数值（折后金额=金额*折扣率）。

（2）使用合并计算的功能计算出"实际金额"列的数值（实际金额=折后金额+上期欠款）。

（3）利用"高级筛选"功能，筛选出符合条件的项目，条件区域为"A15:B16"，将筛选结果复制到单元格区域"A8:H18"中。

（最终效果见："练习题/最终效果/07/【客户订购详单 1】"）

第 8 章

PowerPoint 幻灯片
编辑与设计

    PowerPoint 2016 是现代日常办公中经常用到的一种制作演示文稿的软件，可用于介绍新产品、方案企划、教学演讲以及汇报工作等。本章首先介绍如何创建和编辑演示文稿，然后介绍如何插入新幻灯片，以及对幻灯片进行美化设置。

8.1 员工销售技能培训

实例目标

以往对员工进行培训时，大都采用单纯的课堂式讲解方法。在信息快速发展的背景下，这种传统的讲解方式已不能满足新时代的工作需要。如何把课堂式讲解变得轻松有趣，是培训时首先要考虑的问题之一。利用 PowerPoint 2016 不仅可以使工作变得轻松简单、生动有趣、省时省力，而且可以使员工的技能水平得到进一步的提升。本例制作的员工销售技能培训文稿效果如图 8-1 所示。

图 8-1　员工销售技能培训演示文稿最终效果

实例解析

本例在制作之前，可以从以下几个方面进行分析和资料准备。

（1）确定员工销售技能培训演示文稿的内容。员工销售技能培训演示文稿中应该包含标题首页、培训的定义、培训的作用、学习原则的应用等情况。

（2）制作员工销售技能培训演示文稿。制作员工销售技能培训演示文稿首先要创建一张空白的演示文稿，并选择版式和设置主题；然后输入标题和内容设置，接着复制多个相同格式的演示文稿并进行设置。

综上所述，本例的制作思路如图 8-2 所示，涉及的知识点有创建空白演示文稿、更改版式、设置主题、输入内容、插入新演示文稿、复制、移动和删除演示文稿等。

① 启动 PowerPoint 2016　　　　　　　　　　② 插入新幻灯片

图 8-2　员工培训与人才开发演示文稿制作思路

④ 输入标题和副标题　　　　　　　③ 设置主题

⑤ 插入文本框并输入文字　　　　　⑥ 插入新幻灯片

⑧ 复制粘贴多个幻灯片并设置　　　⑦ 插入内容

图 8-2　员工培训与人才开发演示文稿制作思路（续）

下面将具体讲解本例的制作过程。

8.1.1　创建员工销售技能培训演示文稿

制作员工销售技能培训演示文稿的第一步就是创建演示文稿。创建方法有多种，用户可以根据自己的需要选择。下面分别对创建演示文稿的几种方法进行介绍。

1. 创建空演示文稿

启动 PowerPoint 2016 之后，单击中央位置的【单击此处添加第一张幻灯片】，如图 8-3 所示，系统就会生成一张空白的演示文稿。

此外，用户也可单击【开始】选项卡，单击【幻灯片】组中的【新建幻灯片】按钮的上半部分按钮 ，如图 8-4 所示。

2. 根据设计模板创建演示文稿

用户还可以根据系统提供的模板来创建演示文稿。

图 8-3　启动 PowerPoint 2016 初始界面　　　　　图 8-4　系统产生的空白演示文稿

单击【开始】选项卡，单击【幻灯片】组中的【新建幻灯片】按钮的下半部分按钮 ，在下拉菜单中选择一种合适的版式。

8.1.2　更改版式和主题

如果不需要系统自动生成的版式，用户可根据自身的需要更改幻灯片的版式。使用系统提供的多种主题，可简单快捷地使幻灯片变得更加美观。

1. 更改版式

在幻灯片左侧的幻灯片栏中单击选中要更改主题的幻灯片，单击【开始】选项卡，单击【幻灯片】组中的 按钮，在下拉菜单中选择一种合适的版式，如图 8-5 和图 8-6 所示。

图 8-5　选择主题　　　　　　　　　　　图 8-6　幻灯片版式更改

2. 设置主题

单击【设计】选项卡，在【主题】组中选择一种合适的主题。对于同一个主题，不同的版式主题的显示效果也有所不同。当鼠标移动至主题的图例上，可以显示该主题对于当前版式的预览效果。如果用户不喜欢系统自带的主题，可以自定义主题，图 8-7 和图 8-8 所示为同一主题下两种不同版式的显示效果。

图 8-7　"标题和内容"版式（一）　　　　　图 8-8　"标题和内容"版式（二）

8.1.3 | 输入演示文稿内容

接下来需要向演示文稿中输入内容，主要有两种方法：使用占位符输入和使用文本框输入。

本实例的原始文件和最终效果所在位置如下	
原始文件	素材\原始文件\08\销售技能培训.pptx
最终效果	素材\最终效果\08\销售技能培训.pptx

1. 使用占位符输入文本

（1）打开本实例的原始文件，在提示"单击此处添加标题"占位符文本框中输入"销售技能培训"文字，然后在【格式】工具栏中将字号设置为合适大小，单击【居中】按钮 ，如图8-9所示。

（2）在提示"单击此处添加副标题"占位符文本框中输入"新员工入职之"文字，然后设置字体格式，如图8-10所示。

图8-9 输入标题   图8-10 输入副标题

2. 使用文本框输入文本

如果想在文本框以外的区域输入文本内容，可以使用插入文本框的方法。具体的操作步骤如下。

（1）单击【插入】选项卡，然后单击【文本】组中的文本框按钮的上半部分按钮 。

（2）在"销售技能培训"占位符的下面绘制一个大小合适的横排文本框，如图8-11所示。

图8-11 绘制文本框

（3）在文本框中输入"神龙企业集团"，接着单击【开始】选项卡，在【字体】组中设置字号大小，并将文本框调整到合适的位置，如图8-12所示。效果如图8-13所示。

图 8-12　在文本框中添加文字并设置

图 8-13　首页设置效果

8.1.4 插入、复制与移动幻灯片

上一小节中，已经创建好了一个标题幻灯片，下面介绍在演示文稿中添加、复制与移动幻灯片，这些操作在编辑演示文稿时经常使用。

本实例的原始文件和最终效果所在位置如下	
原始文件	素材\原始文件\08\销售技能培训 1.pptx
最终效果	素材\最终效果\08\销售技能培训 1.pptx

（1）插入幻灯片。可以直接按下【Ctrl】+【M】组合键，或者单击【开始】选项卡，然后单击【幻灯片】组中的【新建幻灯片】按钮的上半部分按钮，系统会插入一个默认版式的幻灯片。单击【新建幻灯片】按钮下半部分按钮，可以从下拉列表中选择自己想要的版式并插入，如图 8-14 所示。

（2）插入新幻灯片后，按照前面介绍的方法在该幻灯片中输入相关内容，并对其进行字体格式设置，如图 8-15 所示。

图 8-14　插入新幻灯片

图 8-15　输入内容并设置

（3）复制幻灯片。由于后面的幻灯片都与第 2 张幻灯片相似，因此可以使用复制粘贴的方法创建多张幻灯片。在第 2 张幻灯片上单击鼠标右键，在弹出的快捷菜单中选择【复制】菜单项，如图 8-16 所示。也可按【Ctrl】+【C】组合键进行复制。

（4）按下【Ctrl】+【V】组合键，即可在第 2 张幻灯片的下方插入一个相同的幻灯片。按照同样的方法插入多张相同的幻灯片，然后对其中的内容进行修改，如图 8-17 所示。

提示

在复制幻灯片时，可以在左侧的【幻灯片】选项卡中使用【Shift】键选中多张幻灯片，然后执行"复制粘贴"命令，即可一次性添加若干张幻灯片。

（5）移动幻灯片。例如，这里要将第 4 张幻灯片与第 5 张幻灯片的位置进行调换。选中第 5 张幻灯片，按住鼠标不放将其移动到第 4 张幻灯片的上方，然后释放即可，如图 8-18 所示。

图 8-16　复制幻灯片

图 8-17　粘贴多张幻灯片

图 8-18　移动幻灯片

8.2　女鞋电商营销方案

实例目标

市场决定产品的生命周期及存在寿命，产品的市场大能促进产品的更新；反之亦然。同时行业前景也至关重要，前景决定着产品的长久利润。营销方案对产品的营销及推广发挥着重要的作用，最终效果如图 8-19 所示。

图 8-19　"女鞋电商营销方案"最终效果

实例解析

本例在制作之前，可以从以下两方面进行分析和资料准备。

（1）确定"女鞋电商营销方案"的内容。"女鞋电商营销方案"的内容很简单，包括首页及标题、唐诗内容和作者简介三部分。

（2）查找所需资料及素材。制作"女鞋电商营销方案"需要用到多种背景素材，还有诗词的内容及作者简介，最简便的方法是上网查找，也可通过其他途径获得。

（3）制作"女鞋电商营销方案"。制作"女鞋电商营销方案"首先要设置封面，接着插入多个幻灯片编辑其内容，最后进行美化即可。

综上所述，本例的制作思路如图 8-20 所示，涉及的知识点包括新建幻灯片、插入背景图片、绘制文本框、设置字体格式及文本框形状、组合文本框等。

图 8-20 "女鞋电商营销方案"制作思路

⑧ 复制幻灯片	⑦ 插入并设置文本框形状与文本的颜色

⑨ 预览效果

图 8-20 "女鞋电商营销方案"制作思路（续）

8.2.1 设计标题幻灯片封面

本实例的原始文件和最终效果所在位置如下		
	原始文件	无
	最终效果	素材\最终效果\08\女鞋电商营销方案.pptx

1. 新建幻灯片并插入背景图片

（1）新建演示文稿并将其命名为"女鞋电商营销方案"，将其保存在适当位置。单击【开始】选项卡，按照前面介绍的方法插入一张标题幻灯片，如图 8-21 所示。

（2）单击【设计】选项卡，然后单击【背景】组中的【对话框启动器】按钮 ，弹出【设置背景格式】任务窗格，单击【填充】选项卡，单击【图片或纹理填充】单选钮，再单击 文件(F)... 按钮，如图 8-22 所示。

图 8-21 插入新幻灯片

图 8-22 选择插入的文件

（3）弹出【插入图片】对话框，如图 8-23 所示。找到素材所在文件夹，这里选择图片"图片 1.jpg"，单击 插入(S) 按钮，返回【设置背景格式】任务窗格，单击【关闭】按钮 × 。

（4）此时幻灯片中已插入了选中的背景图片，如图 8-24 所示。

图 8-23 选择图片

图 8-24 背景设置效果

2. 设置幻灯片标题

（1）单击【单击此处添加标题】，输入"女鞋电商营销方案"和"ELECTRICITY MARKETING"，在副标题处输入"汇报:神龙设计"和"Report: ShenLong Design"，如图 8-25 所示。

（2）设置字体格式。字体格式可在【开始】选项卡中的【字体】组设置，这里设置为：主标题【微软雅黑】、【80】和【40】号，副标题【微软雅黑】、【11】号。在【字体颜色】下拉菜单中选择合适的颜色，这里选择白色。

（3）为了突出显示标题部分，可以插入一个无轮廓的矩形，矩形的其他设置为:【填充颜色】的 RGB 分别为"149""215""241"，大小的高度和宽度分别为"9.6 厘米"和"24.66 厘米"，透明度为 20%，然后为副标题添加两个白色轮廓、无填充的形状，最终效果如图 8-26 所示。

图 8-25 输入标题

图 8-26 设置标题字体格式并调整文本框

8.2.2 设置幻灯片正文

本实例的原始文件和最终效果所在位置如下	
原始文件	素材\原始文件\08\女鞋电商营销方案 1.pptx
最终效果	素材\最终效果\08\女鞋电商营销方案 1.pptx

1. 绘制文本框并输入内容

（1）插入一张空白版式的幻灯片，按照前面介绍的方法插入一张背景图片，如图 8-27 所示。

图 8-27　选择背景图片

（2）单击【插入】选项卡，然后单击【文本】组中的【文本框】按钮的下半部分按钮，在下拉列表中选择【横排文本框】选项，在合适的位置绘制一个横排文本框，并输入内容，如图 8-28 所示。

图 8-28　绘制横排文本框并输入内容

（3）绘制其他文本框并输入内容，如图 8-29 所示。

图 8-29　绘制其他文本框并输入内容

（4）设置字体格式，如图 8-30 所示。字体均为【微软雅黑】，其中"项目目的"设置为【24】号，单击【加粗】按钮；英文部分设置为【12号】；正文设置为【14】号。

图 8-30　设置字体格式并调整文本框

　提示

　　在幻灯片中绘制文本框时，系统默认为无形状格式，如果绘制完一个文本框后不输入内容接着绘制另一个，则上一个未输入内容的文本框便会消失。如果想先绘制多个文本框然后一起输入内容，可以先在文本框中输入一点内容，然后用复制粘贴的方式插入其他文本框，最后更改内容便可。

2. 组合文本框

将多个文本框组合成一个整体，可以方便地整体移动位置、调节大小、设置形状样式等。

按住【Ctrl】键，连续选中要组合的文本框，在边框位置上单击鼠标右键，在弹出的快捷菜单中选择【组合】，在弹出的级联菜单中选择【组合】选项，如图 8-31 所示。效果如图 8-32 所示。

图 8-31　选择组合文本框

图 8-32　文本框组合成一个整体

如果要取消组合，在边框上单击鼠标右键，选择【组合】，在弹出的级联菜单中选择【取消组合】选项即可。

3. 设置艺术字样式

（1）新建一张空白幻灯片并插入矩形与离页连接符组合的形状。

（2）绘制一个横排文本框并输入"项目背景"的内容，设置字体颜色，如图 8-33 所示。

（3）选中矩形，单击【绘图工具】栏中的【格式】选项卡，然后单击【形状样式】组中的 [形状填充▾] 按钮，在下拉列表中选择【其他颜色填充】，在弹出的【颜色】对话框中将【红色】【绿色】【蓝色】分别设置为"24""131""176"如图 8-34 所示。

图 8-33　编辑新幻灯片内容

图 8-34　设置【颜色】对话框

（4）设置"离页连接线"形状与字体的颜色为"41""171""226"如图 8-35 所示。

图 8-35　设置效果

4. 复制幻灯片并设置

由于后面的幻灯片与前面的格式相同，所以将其复制然后粘贴成新幻灯片，更改其背景、内容和颜色即可，如图 8-36 所示。

图 8-36　复制幻灯片并设置

1. 打开【习题】文件夹中的 PPT 文件："练习题/原始文件/08/【水晶饰品展】"，并按以下要求进行设置。

（1）单击第 1 张幻灯片，在标题文本框中输入"水晶饰品展"并将其设置为【方正北魏楷书简体】【54】

号、【淡紫】，字符间距为【15】磅。

（2）将文本框宽度调整为"24.14"厘米，然后将其向下移动到中间合适的位置，并将其向左旋转6°。

（3）将后面的 5 张幻灯片的标题字体均设置为【66】号、【深紫】，并添加项目符号"带填充效果的钻石形项目符号"。

（4）将第6张幻灯片移至第4张的位置。

（最终效果见："练习题/最终效果/08/【水晶饰品展】"）

2. 打开【习题】文件夹中的 PPT 文件："练习题/原始文件/08/【水晶饰品展 1】"，并按以下要求进行设置。

（1）将后面的 5 张幻灯片的"主要功能"文本设置为【华文彩云】、【26】号、【深紫】，其他文本设置为【方正北魏书简体】、【22】号、【深紫】，并调整文本框至合适的大小。

（2）将后面的5张幻灯片的文本框填充为【淡紫】，并设置发光样式为【深紫】、【18】磅、透明度【45%】。

（3）为第4张幻灯片设置阴影效果为【左上对角透视】。

（4）在最后插入一张仅标题幻灯片，在占位符中输入"谢谢"，字体设置与首张标题相同（可使用格式刷），并将其移动至中部合适的位置。

（最终效果见："练习题/最终效果/08/【水晶饰品展 1】"）

第 9 章

PowerPoint 动画制作
与放映

　　动画与放映是 PowerPoint 的精髓，本章通过典型实例介绍幻灯片动画的制作方法以及放映方式。

9.1 制作营销推广方案

实例目标

企业要将某种刚刚研究出的产品推行上市，首先需要制定一系列的推广方案（见图 9-1）。本节使用 PowerPoint 制作一个简单的薰衣草茶营销推广方案演示文稿，可以使消费者在产品即将上市之前预先了解产品的相关信息。

图 9-1 产品销售推广方案最终效果

实例解析

本例在制作之前，可以从以下几个方面进行分析和资料准备。

（1）确定产品销售推广方案的内容。产品销售推广方案中应该包含标题及产品名称、产品介绍和联系方式等信息。

（2）制作产品销售推广方案。制作产品销售推广方案首先要设计母版背景，然后输入标题及内容并进行设置，最后设置放映方案。

综上所述，本例的制作思路如图 9-2 所示，涉及的知识点有设计母版背景、插入艺术字、插入图片、设置切换方式及自定义动画等。

① 设置母版背景　　　　　　　　　② 输入标题、产品名称等信息

④ 设计联系方式幻灯片　　　　　　③ 设计产品介绍幻灯片

图 9-2 产品营销推广方案制作思路

⑤ 设置幻灯片切换方案　　　　　　　　　　　　　　　⑥ 设置自定义动画

图9-2　产品营销推广方案制作思路（续）

下面将具体讲解本例的制作过程。

9.1.1 制作营销推广方案母版

本实例的原始文件和最终效果所在位置如下		
原始文件	无	
最终效果	素材\最终效果\09\营销推广方案.pptx	

在设计演示文稿的过程中，创建母版幻灯片可以统一整个演示文稿的幻灯片格式，并且能够快速简便地制作出演示文稿。利用母版可以修改演示文稿中的所有幻灯片格式。下面建立产品销售推广方案母版。

1. 设置幻灯片母版背景

（1）新建一个演示文稿并将其重命名为"销售推广方案"。

（2）单击【视图】选项卡，然后单击【母版视图】组中的 幻灯片母版 按钮，随即切换到【幻灯片母版】选项卡，如图9-3所示。单击【背景】组右下角的【对话框启动器】按钮 ，弹出【设置背景格式】任务窗格，单击【填充】选项卡，然后单击【图片或纹理填充】单选钮，再单击 文件(F)... 按钮，弹出【插入图片】对话框，插入一张名为"001"的图片作为母版的背景图片，如图9-4所示。

图9-3　切换到母版视图

图9-4　插入背景图片

（3）返回幻灯片母版视图，便能看到设置的幻灯片背景效果，如图9-5所示。单击【关闭】组中的【关闭母版视图】按钮 ，返回演示文稿。

（4）单击【开始】选项卡，然后单击【幻灯片】组中的【幻灯片版式】按钮 版式▾，在下拉列表中选择【空白】版式，如图9-6所示。

图 9-5　母版背景设置效果

图 9-6　设置幻灯片版式

2. 插入艺术字及图片

（1）插入艺术字。单击【插入】选项卡，然后单击【文本】组中的【艺术字】按钮 ，在下拉列表中选择一种合适的艺术字样式，在弹出的文本框中输入演示文稿的标题。

（2）单击【艺术字样式】组中的【文本填充】按钮，在下拉列表中选择一种合适的颜色。单击【艺术字样式】组中的【文字效果】按钮 ，在下拉列表中选择【发光】，在弹出的级联菜单中选择一种合适的发光样式，如图 9-7 所示。

（3）插入图片。单击【插入】选项卡，然后单击【图像】组中的【图片】按钮 ，插入两张名为 "1" 和 "2" 的图片，并将其调整到合适的大小和位置。

（4）标题页设置效果如图 9-8 所示。

图 9-7　设置艺术字样式

图 9-8　标题页设置效果

提示

插入艺术字后，如果对艺术字的样式不满意，可以选中插入的艺术字，然后单击【艺术字样式】组中的【快速样式】按钮 ，在下拉菜单中选择其他的样式。

9.1.2　设计产品推广方案内容

本实例的原始文件和最终效果所在位置如下		
	原始文件	素材\原始文件\09\产品推广方案 1.pptx
	最终效果	素材\最终效果\09\产品推广方案 1.pptx

1. 设计产品简介

（1）插入一张新幻灯片并设置背景，如图 9-9 所示。如果背景颜色太深，可设置其透明度。按照前面介绍的方法打开【设置背景格式】对话框，在【透明度】微调框中设置相应的百分比，数值越大，则图片透明度越高，如图 9-10 所示。

（2）插入其他幻灯片并设置背景和输入产品介绍的内容，然后设置字体格式，如图 9-11 所示。

图 9-9　新建幻灯片并设置背景　　　　　　　　　　图 9-10　设置背景透明度

图 9-11　输入内容并设置

2. 设计联系方式幻灯片

（1）新建一个仅标题的幻灯片，在占位符文本框中输入"联系方式"文本。接着在幻灯片中绘制 3 个文本框并输入相关内容，然后设置文本框形状样式并将 3 个文本框组合起来，如图 9-12 所示。

（2）在幻灯片合适的位置插入"如花美眷，如花容颜"艺术字，然后对其进行设置并移动到合适的位置，如图 9-13 所示。

图 9-12　输入内容并设置　　　　　　　　图 9-13　插入艺术字并设置

9.1.3 设置动画

本实例的原始文件和最终效果所在位置如下	
原始文件	素材\原始文件\09\营销推广方案 2.pptx
最终效果	素材\最终效果\09\营销推广方案 2.pptx

1. 设置幻灯片切换方式

（1）单击【切换】选项卡，在【切换到此幻灯片】组中选择一种切换方案，或单击右下角的【其他】按钮 ，在弹出的下拉列表中选择一种切换方案，如图 9-14 所示。

（2）单击【计时】组中的 应用到全部 按钮，此方案便应用到了所有幻灯片中。此时，左侧窗格中的幻灯片编号的下面会出现 " " 图标，表示该幻灯片设置了动画效果。

图 9-14　选择切换方案

2. 设置自定义动画

（1）选中第一张幻灯片的文本框，单击【动画】选项卡，然后单击【高级动画】组中的【添加动画】按钮 ，在下拉列表中选择【更多进入效果】选项，弹出【添加进入效果】对话框。选择一种合适的动画效果，单击 确定 按钮即可，如图 9-15 所示。

（2）通过调节【计时】组中 持续时间: 微调框中的数据可改变动画放映的快慢。

（3）将第一张幻灯片中的两张图片添加【形状】动画效果，如图 9-16 所示。在【计时】组的 开始: 下拉列表中选择【上一动画之后】选项，在 延迟: 微调框中输入 "00.25"。

（4）按照上面介绍的方法设置其他幻灯片的动画效果。

图 9-15　设置动画效果

图 9-16　自定义动画设置效果

9.2　设计"女鞋电商营销方案"自定义动画及放映

本实例的原始文件和最终效果所在位置如下	
原始文件	素材\原始文件\09\女鞋电商营销方案.pptx
最终效果	素材\最终效果\09\女鞋电商营销方案.pptx

 实例目标

上一章讲解了营销方案的制作与编辑，本章继续上一章的内容，为您介绍设计幻灯片的自定义动画及放映方式。制作的方案效果如图 9-17 所示。

图 9-17　"女鞋电商营销方案"最终效果

 实例解析

本例的制作思路如图 9-18 所示，涉及的知识点包括添加自定义动画、切换和删除动画、设置动画效果、使用动画刷、排练计时、幻灯片放映等。

① 为幻灯片添加自定义动画　　　　　　　② 显示动画窗格

④ 设置放映方式及排练计时　　　　　　　③ 输入标题并设置

图 9-18　"女鞋电商营销方案"制作思路

9.2.1　设计动画效果

1. 添加自定义动画

（1）选中第一张幻灯片的标题文本框，单击【动画】选项卡，然后单击【高级动画】组中的【添加动画】按钮，添加一种动画效果，如图 9-19 所示。用同样的方法为副标题添加动画效果，如图 9-20 所示。

图 9-19　添加动画"弹跳"

（2）单击【高级动画】组中的【动画窗格】按钮，随即在幻灯片右侧弹出动画窗格，显示出所添加的所有动画及顺序。单击【预览】组中的【预览】按钮，可预览当前页的动画设置效果，如图 9-21 所示。

图 9-20　添加动画"翻转式由远及近"

2. 切换、删除动画及设置效果选项

（1）切换动画顺序。将鼠标移动到动画窗格中的某个动画标题上，按住鼠标左键，拖动到想要的位置即可，如图 9-22 所示。也可通过单击动画窗格下方的上移按钮 ▲ 和下移按钮 ▼ 来切换动画的顺序。

（2）删除自定义动画。在动画窗格选中要删除的动画，按下【Delete】键即可。也可在动画标题上单击鼠标右键，在下拉菜单中选择【删除】选项。

图 9-21　显示动画窗格

图 9-22　切换动画顺序

（3）编辑动画效果。选中设置的 4 个自定义动画，在上面单击鼠标右键，在弹出的快捷菜单中选择【效果选项】菜单项，如图 9-23 所示。

（4）弹出【效果选项】对话框，切换到【计时】选项卡，在【开始】下拉列表中选择【上一动画之后】选项。此时设置的效果可以使多个动画连续自动播放，无需鼠标单击，如图 9-24 所示。

图 9-23　选择"效果选项"

图 9-24　编辑"效果选项"对话框

（5）使用动画刷。选中第 2 张幻灯片中的组合文本框，为其添加"玩具风车"的动画效果，如图 9-25 所示。然后单击【动画】选项卡，单击【高级动画】组中的【动画刷】按钮 ★ 动画刷 。切换到第 4 张幻灯片文本框，在组合文本框上单击鼠标左键，此时，该文本框就套用了第 2 张幻灯片文本框的动画效果，如图 9-26 所示。

图 9-25　添加进入效果

图 9-26　使用动画刷

9.2.2　排练计时及幻灯片放映

幻灯片放映过程中，需要适当的时间供演示者充分表达自己的思想，从而使观众领会该幻灯片所要表达的内容。利用 PowerPoint 的排练计时功能，演示者可在准备演示文稿的同时，通过排练为每张幻灯片确定适当的放映时间。

1．排练计时

（1）单击【幻灯片放映】选项卡，单击【设置】组中的 排练计时 按钮，此时系统便切换到放映状态并开始计时，在左上角出现【录制】工具栏。

（2）演示者可根据实际需要模拟演讲的时间和节奏，放映结束后，会弹出是否要求保留排练时间的对话框，如图 9-27 所示，单击 是(Y) ，回到幻灯片浏览视图，此时在每张幻灯片下方都显示出了播放该幻灯片所用的时间，如图 9-28 所示。双击某张幻灯片可切换到普通视图。

图 9-27　系统提示对话框

图 9-28　幻灯片浏览视图

2. 幻灯片放映

单击【幻灯片放映】选项卡，单击【开始放映幻灯片】组中的【从头开始】按钮 ，或者单击窗口下方的【幻灯片放映】按钮 ，即可开始放映幻灯片，如图 9-29 所示。

图 9-29　幻灯片放映

打开【习题】文件夹中的表格文件："练习题/原始文件/09/【水晶饰品展 2】"，并按以下要求进行设置。

（1）切换到第 6 张幻灯片，插入一张名为"001"的图片，将其调整到合适的大小，并移动到左侧空白位置。

（2）切换到第 1 张幻灯片，为标题文本添加"扩展式由远及近"的进入效果，播放动画的时间设置为"与上一动画同时"，持续时间微调为"01.75"。

（3）为标题文本添加"补色"的强调效果，播放时间设置为"上一动画之后"；持续时间为"01.00"。

（4）切换到第 2 张幻灯片，为标题文本添加"旋转"的进入效果，播放时间设置为"与上一动画同时"；为图片添加"轮子"的进入效果，播放时间为"上一动画之后"。为文本框及文本添加"擦出"的进入效果，方向为"自底部"；播放时间为"单击时"。

（5）将第 3～第 6 张幻灯片设置为与第 2 张相同的动画方案，将第 7 张幻灯片设置为与第一张幻灯片相同的动画方案（可使用动画刷）。

（6）在第 7 张幻灯片中插入艺术字"水晶之恋"，艺术字样式为"填充 - 绿色，强调文字颜色 1，金属棱台，映像"，然后将文本填充为"淡紫"，将其移动至右下角合适的位置。

（7）设置全部幻灯片切换效果为"闪耀"，换片方式为"鼠标单击时"。

（8）使用排练计时功能为幻灯片放映计时。

（素材文件所在位置："练习题/素材/09/【水晶饰品展 2】"）

（最终效果见："练习题/最终效果/09/【水晶饰品展 2】"）

第 10 章

Outlook 电子邮件

收发与管理

　　Office 软件中，Outlook 2016 是帮助您与他人保持联系的高级商用和个人电子邮件管理工具，可以代替邮箱快速地收发邮件，还可以用来记录联系人的详细信息。

10.1　创建 Outlook 账户

在使用 Outlook 收发电子邮件前，首先需要创建一个 Outlook 账户。

用户初次启动 Outlook 2016 时会弹出一个配置 Outlook 账户界面，直接根据向导的提示进行操作即可。首次启动创建账户的具体步骤如下。

（1）第一次打开 Outlook 2016 时，会弹出【Microsoft Outlook 2016 启动】对话框，如图 10-1 所示。

图 10-1　Outlook 2016 启动向导

（2）弹出【添加新账户】对话框，根据系统的提示输入相应的电子邮件账户信息，单击 下一步(N) > 按钮，如图 10-2 所示。

图 10-2　【添加新账户】对话框

（3）弹出【祝贺您】对话框，单击 完成 按钮，即可完成配置，弹出操作界面，如图 10-3 所示。

图 10-3　Outlook 2016 操作界面

10.2 收发电子邮件

在 Outlook 中创建了自己的账户之后，用户就可以开始收发电子邮件了。

1. 发送电子邮件

在日常工作和生活中，用户经常需要撰写新的电子邮件发送给自己的朋友，本小节将介绍使用 Outlook 发送电子邮件的方法。

（1）单击【开始】选项卡，然后单击【新建】组中的【新建电子邮件】按钮，随即弹出【未命名-邮件（HTML）】窗口，如图 10-4 所示。

（2）输入收件人邮箱地址、邮件主题和内容，然后单击【邮件】选项卡中的【添加】组中的按钮，如图 10-5 所示。

图 10-4 【未命名-邮件】窗口

图 10-5 编辑邮件内容

（3）弹出【插入文件】对话框，找到要发送的文件，单击 插入(S) 按钮，如图 10-6 所示。

（4）返回邮件编辑窗口，此时【主题】文本框下方显示出新添加的【附件】文本框。单击【发送】按钮，即可发送邮件，如图 10-7 所示。

图 10-6 选择要插入的附件

图 10-7 发送邮件

2. 接收邮件

除了发送电子邮件外，用户还可以使用 Outlook 接收电子邮件。

（1）单击【发送/接收】选项卡，单击【发送和接收】组中的【发送/接收所有文件】按钮，弹出【Outlook 发送/接收进度】窗口，从中可以看到进度，如图 10-8 所示。

（2）邮件接收完毕后，在中间的操作窗口中便显示出刚接收的新邮件，如图 10-9 所示。鼠标左键单击邮件可在右侧预览器窗口中显示其内容，双击便打开邮件。

图 10-8 【Outlook 发送/接收】窗口

图 10-9 预览邮件内容

10.3 管理电子邮件

除了发送和接收电子邮件外，用户还可以对电子邮件进行管理，主要包括回复电子邮件、转发电子邮件和删除电子邮件等。

1. 回复电子邮件

（1）在操作窗口中选中要回复的电子邮件，单击【开始】选项卡，然后单击【响应】组中的 答复 按钮，随即弹出电子邮件答复窗口。

（2）从中输入要回复的内容，单击【发送】按钮，如图 10-10 所示，返回原邮件窗口，此时窗口中已显示出答复此邮件的时间，如图 10-11 所示。

图 10-10 答复电子邮件

图 10-11 已答复邮件

2. 转发电子邮件

（1）在操作窗口中选中要转发的电子邮件，单击【开始】选项卡，然后单击【响应】组中的 转发 按钮，随即弹出电子邮件转发窗口。

（2）输入收件人地址，在正文窗口中输入正文，输入完毕后单击【发送】按钮 即可，如图 10-12 所示。

图 10-12　转发电子邮件

3. 删除电子邮件

（1）在操作窗口中选中要转发的电子邮件，单击【开始】选项卡，然后单击【删除】组中的【删除】按钮 ，此时邮件便从操作窗口中删除了，如图 10-13 所示。

图 10-13　删除邮件

（2）永久删除邮件。在左侧的导航窗格中单击所删除邮件所属账户展开列表中的【已删除邮件】选项，然后在操作窗格口中，选中此邮件，单击【删除】组中的【删除】按钮 ，随即弹出【Microsoft Outlook】提示对话框，单击 是(Y) 按钮，即可将此邮件永久删除。

10.4　管理联系人

Outlook 中，有关管理联系人的各种操作可以为用户带来便利。

1. 添加联系人

为了方便使用，用户可以添加经常发送电子邮件的联系人信息。

（1）启动 Outlook 2016 进入主操作界面，单击左侧导航窗格中的 联系人(C) 按钮，切换到相应的操作窗口。

（2）编辑联系人。在左侧导航窗格中【我的联系人】展开列表中选择【建议的联系人】（收发过邮件的联系人都显示在此项目窗格中），在操作窗格中双击打开要编辑的联系人，在编辑联系人窗格中输入相关信息，输入完毕单击【保存并关闭】按钮 💾 即可，如图 10-14 和图 10-15 所示。

图 10-14　新建联系人

图 10-15　编辑联系人信息

（3）移动文件。在操作窗格中选中要移动的文件，单击【开始】选项卡，然后单击【动作】组中的 移动▼ 按钮，在下拉列表中选择【其他文件夹】选项，如图 10-16 所示，随即弹出【移动项目】对话框，在【将选定项目复制到文件夹】列表框中，选中【草稿】选项，如图 10-17 所示，单击 确定 按钮，即可将此文件从【收信箱】组中复制到【草稿】组中。

图 10-16　复制和移动草稿

图 10-17　选择文件夹

（4）添加不曾有业务往来的联系人。在【我的联系人】展开列表中选择【联系人】选项，切换到【开始】选项卡，单击 新建联系人 按钮，弹出编辑联系人窗口，编辑步骤同上。

2. 删除联系人

如果该联系人信息不再需要时，可以将其删除。

（1）在【联系人】窗口中选中要删除的联系人，单击【开始】选项卡，然后单击【删除】组中的【删除】按钮 即可，如图 10-18 所示。

图 10-18　删除联系人

（2）此时此联系人已从窗口中删除，如图 10-19 所示。

图 10-19　联系人已删除

提示

    如果误删了联系人，单击窗口左上角快速访问工具栏中的【恢复】按钮，即可恢复误删的联系人信息。

1. 新建一个电子邮件，并输入收件人内容，然后添加要发送的附件，并接收新邮件。
2. 接收新邮件后，根据需要回复相应的电子邮件。
3. 将不重要或无关的邮件删除。
4. 在通讯录中进行添加联系人和删除联系人的操作。